高等院校化学化工实验教学改革系列教材

精细化工专业实验

主　编　张珍明　李树安　李润莱

特配电子资源

微信扫码

- 拓展阅读
- 视频学习
- 互动交流

南京大学出版社

图书在版编目(CIP)数据

精细化工专业实验 / 张珍明，李树安，李润莱主编
. -- 南京 ：南京大学出版社，2020.11
ISBN 978-7-305-23999-1

Ⅰ. ①精… Ⅱ. ①张… ②李… ③李… Ⅲ. ①精细化工—化学实验—高等学校—教材 Ⅳ. ①TQ062-33

中国版本图书馆 CIP 数据核字(2020)第 238116 号

出版发行 南京大学出版社
社　　址 南京市汉口路 22 号　　邮　编 210093
出 版 人 金鑫荣

书　　名 精细化工专业实验
主　　编 张珍明　李树安　李润莱
责任编辑 刘　飞　　编辑热线 025-83592146

照　　排 南京南琳图文制作有限公司
印　　刷 广东虎彩云印刷有限公司
开　　本 787×960 1/16 印张 11.25 字数 214 千
版　　次 2020 年 11 月第 1 版　2020 年 11 月第 1 次印刷
ISBN 978-7-305-23999-1
定　　价 35.00 元

网址：http://www.njupco.com
官方微博：http://weibo.com/njupco
微信服务号：njuyuexue
销售咨询热线：(025) 83594756

前　言

精细化工在化学工业中所占的比重越来越大，精细化工产品已经成为工农业生产、国防工业以及新技术、新材料的开发和研究领域不可缺少的物质基础。目前，高等学校的化学、应用化学和化工类的许多专业的学生，对精细化学品课程很感兴趣，实际上他们以后可能会有较多的机会从事精细化学品的研制和开发工作。因此，部分高等学校已开设《精细有机合成单元反应》或《精细化工工艺》等课程，迫切需要一本较为适用的实验教材，本书就是为满足这种需要而编写的。通过本实验课的训练，可使学生掌握精细化工专业的实验操作技能，提高和增强学生解决实际问题的能力，培养学生的创新能力，加深对所学理论知识的理解和掌握，为将来从事精细化工产品的研究、开发和生产奠定坚实的实验基础。

本书分为七章共25个实验，包括精细有机合成实验的基本知识、精细有机合成实验基本技术、精细化工专业基础实验（12个）、综合实验（4个）、天然产物提取与分离实验（3个）、应用实验（3个）和开放性实验（3个）。教材内容以单元反应为脉络，兼顾精细化学品经典制备方法以及近年来发展的有机合成新方法、新技术。实验注重基础性、综合性、系统性、广泛性和通用性。对实验内容进行细化，例如实验涵盖主题词、单元反应、主要操作、实验目的、实验原理、预习内容、仪器与试剂、实验步骤、表征、思考题及标注等内容。本书中介绍了精细化学品实验制备量的放大与缩小的方法、连续流反应技术，介绍了色谱手段控制反应过程、提纯产物以及测定产物纯度的方法，以及红外光谱、核磁共振谱表征化合物的方法。本书贯穿绿色化工和可持续发展理念，在相关实验或操作技术中添加了我国科学家对精细化工的贡献等思政元素。本书既可作为高等院校精细化工专业方向本科生的实验教材，也可作为其他化工类的本科生的选修教材或高职高专化工技术类专业的教材。还可作为广大从事精细化工产品的研发、生产人员的参考书。

全书由江苏海洋大学张珍明、李树安，四川大学李润莱编写。鉴于精细化学品的合成及应用涉及面广、品种繁多，理论研究和应用技术发展迅速，在编写过程中，我们参阅了国内外已出版的教科书、专著和专业期刊等，吸取了许多专家学者的宝贵经验，在此深表谢意！限于作者的水平，书中定有不妥或谬误之处，恳请读者批评指正。

编　者

2020 年 7 月

致读者

现在已经出版的很多优秀的精细化工、有机合成等实验教科书，有的重点叙述合成反应，如氧化反应、还原反应、加成反应实验等；有的侧重于日常用品的制备，如涂料制备、香波配制、香精调配实验等；有的强调过程实验，如反应精馏实验等。本书试图把三者有机地结合在一起，设计综合性实验，使学生能够受到从原料化合物、经过反应、后处理、复配、到终端产品的全过程训练，让学生在原料、过程和产品之间建立联系，完善知识结构。

“照方抓药”常常用来讽刺现有实验教科书实验设计的缺陷——只让学生重复实验操作，达不到创新和解决问题方法的培养与训练。事实上，实验教科书的实验设计目的有很多，如培养学生熟练基础操作，认真细致一丝不苟的精神，就需要让学生做一些“照方抓药”的实验。例如乙酰苯胺制备是一个经典实验，苯胺投料量为 5 毫升，粗产品用 150 毫升的热水重结晶，后处理的前提是反应后能得到 2～6 克的粗产品，才能用 150 毫升的热水重结晶。如果只得到很少量的粗产品，也用 150 毫升的热水去重结晶，最终只能得到很少，甚至得不到产品。因此学生即使做“照方抓药”的实验，也要树立变化发展的理念去分析问题、解决问题，根据得到粗产品的数量，调整重结晶的溶剂用量，这样才能够得到比较好的结果。这种科学分析问题、解决问题的方法也同样适用于多步合成反应，例如本书实验十三，从苯酚经过硝化、还原制备对氨基苯酚，还原操作中的实验参数，要根据实际得到的中间体对硝基苯酚产量和实验十三中的实验方案来确定。因此，为了培养学生具体问题具体分析的能力，本书实验的后处理部分，大多没有给出试剂和溶剂的具体用量，而是要求学生根据自己得到的粗产物或中间体量的多少来确定。

应用索氏提取器分离提纯天然产物的实验，利用虹吸作用，达到反复用新鲜溶剂连续萃取的效果，以提高萃取效率，让学生理解熟悉“连续”的概念，而丁醇脱氢制备丁醛实验，培养学生绿色化工和成本理念，因为催化脱氢是最价廉的“氧化剂”。同时也培养学生的工程意识，不刻意追求单次100％收率的反应研究，而是通过回收套用未反应的原料来提高总收率。

考虑到科技飞速发展，信息获得有更方便、更多的渠道，利用手机就可以得到有关专业的海量信息，所以本书没有提供有关物性数据的附录，建议同学们主动利用手中的工具，获得实验所需要的物性数据如沸点、熔点、蒸气压、溶解度、谱图、背景知识和制备方法等。希望同学们多思考，多动手，做到知行合一。

目　录

第一章　精细有机合成实验的基本知识

第一节　实验室安全知识

精细有机合成实验中，大多数试剂是易燃、易爆、有毒、有腐蚀性药品，仪器多为玻璃制品。若使用不当，很可能发生着火、烧伤、爆炸、中毒等事故。为避免事故发生，保证实验正常进行，学生必须高度重视实验安全操作，严格遵守操作规程，熟悉各种仪器、药品的性能及一般事故的处理等实验室安全知识。

一、安全实验须知

① 实验前，应认真检查仪器是否完整无损，装置是否正确、稳妥。了解实验室内水、电、煤气开关及安全用具放置的位置和使用方法。

② 实验中所用药品，不得随意散失、遗弃和污染，使用后必须放回原处。对反应中产生的有毒气体、实验中的废液，应按规定处理。

③ 进行有危险性的实验时，应使用防护眼镜、面罩、手套等防护用具。

④ 实验过程中，不得擅离岗位。实验室内严禁吸烟、饮食。

⑤ 熟悉使用各种安全用具(如灭火器、沙桶、急救箱等)

二、事故的预防和处理

1. 火灾

① 处理易燃试剂时，应远离火源，在通风橱内或指定地点进行，切勿用烧杯等广口容器盛放易燃溶剂，更不能用明火直接加热。

② 对易挥发和易燃物，切勿乱倒，应专门回收处理。

③ 蒸馏、回流时尽量用热水浴或热油浴。加热过程中不得加入沸石或活性炭。如要补加，必须移去热源，待液体冷却后才能加入。

④ 仔细检查实验装置、气体管道是否破损、漏气。

⑤ 火柴梗应放在指定的容器内，不得乱丢。

一旦发生着火事故，应沉着镇静。首先，立即关闭煤气，切断电源，熄灭附近所有火源，迅速搬开周围易燃物。接着立即采取灭火措施，用砂或石棉布将火盖熄，一般严禁用水灭火。衣服着火时，应立即用石棉布或厚外衣盖熄，火势较大时，应卧地打滚。除干砂、石棉外，还常用灭火器灭火。

实验室常备灭火器类型及用途如下：

① 二氧化碳灭火器：主要用于扑灭油脂、电器及其他较贵重仪器着火；

② 四氯化碳灭火器：主要用于扑灭电器内或电器附近着火，但不能在狭小和通风不良的实验室内使用；

③ 泡沫灭火器：不能用于电器灭火。

2. 爆炸

① 某些化合物如过氧化物、干燥的金属炔化物等，受热或剧烈振动易发生爆炸。使用时必须严格按操作规程进行。

② 如果仪器装置不正确，也会引起爆炸。因此，常压操作时，组合仪器的全套装置必须与大气相通，切勿造成密闭体系。减压或加压操作时，注意仪器装置能否承受其压力。装置搭建完毕后，应作空白预试，使用时，应随时注意体系的压力变化。

③ 若遇反应过于激烈，可能致使某些化合物因受热分解，体系热量和气体体积突增而发生爆炸，通常可用冷冻、控制加料等措施缓和反应。

④ 易燃有机溶剂在室温时具有较高蒸气压。空气中混杂易燃有机溶剂的蒸气达到某一极限时，遇有明火或电火花即发生燃烧爆炸。而且，有机溶剂的蒸气都较空气重，会沿着桌面漂移至较远处或沉积在低洼处。因此，不能将易燃溶剂倒入废液桶内，更不能用开口容器盛放易燃溶剂。操作时应在通风较好的场所或在通风橱内进行，并严禁明火。

3. 中毒

① 剧毒药品绝对不允许与手直接接触。使用完毕后，应立即洗手，并将该药品严密封存。

② 进行可能产生有毒或腐蚀性气体的实验时，应在通风橱内操作。也可用气体吸收装置吸收有毒气体。

③ 所有沾染过有毒物质的器皿，实验完毕后，要立即进行消毒处理和清洗。

三、急救常识

1. 烫伤

轻伤涂以玉树油、万花油或鞣酸软膏，重伤涂以烫伤软膏后送医院治疗。

2. 割伤

玻璃割伤后要仔细观察伤口有没有玻璃碎粒，若伤势不重，应及时挤出污血，用消毒过的镊子取出玻璃碎粒，再用蒸馏水洗净伤口，涂上碘酒或红药水，最后用绷带扎住或敷上创可贴药膏；若伤口很深，流血不止，应立即用绷带扎紧伤口上部，以防止大量出血，急送医院治疗。

3. 灼伤

① 浓酸：用大量水洗，再以3%～5%碳酸氢钠溶液洗，最后用水洗，轻拭干后涂烫伤油膏。

② 浓碱：用大量水洗，再以2%醋酸液洗，最后用水洗，轻拭干后涂烫伤油膏。

③ 溴：用大量水洗，再用酒精轻擦至无液溴存在为止，然后涂上甘油或鱼肝油软膏。

④ 钠：可见的小块用镊子移去，其余与浓碱处理相同。

4. 异物入眼

如试剂溅入眼内，应立即用洗眼杯或洗眼龙头冲洗并及时送医院治疗。如玻璃飞入眼内，则用镊子移去碎玻璃，或在盆中用水洗，切勿用手揉，并及时送医院治疗。

5. 中毒

① 溅入口中尚未吞下者应立即吐出，用大量水冲洗口腔。如已吞下，应根据毒物性质给以解毒剂，并立即送医院。

② 腐蚀性毒物：对于强酸先饮大量水，然后服用氢氧化铝膏、鸡蛋白；对于强碱，也应先饮大量水，然后服用醋、酸果汁、鸡蛋白。不论酸或碱中毒皆以牛奶灌注，不要吃呕吐剂。

③ 刺激性毒物及神经性毒物：先给牛奶或鸡蛋白使之冲淡并缓和，再用约30克硫酸镁溶于一杯水中服用催吐。有时也可用手指伸入喉部促使呕吐，然后立即送医院。

④ 吸入气体中毒者，将中毒者移至室外，解开衣领及纽扣。吸入少量氯气或溴者，可用碳酸氢钠漱口。

四、实验室安全警示标识

化学实验室安全标识、环境标识、危险标识和环保可回收标识如表1-1。

表 1-1　实验室安全警示标识

编号	01	02	03	04	05
标识					
意义	勿关电源	关闭水电气门窗	保持通风	关闭气阀	戴防护镜
编号	06	07	08	09	10
标识					
意义	注意安全	当心触电	当心腐蚀	当心感染	当心激光
编号	11	12	13	14	15
标识					
意义	当心电离辐射	当心机械伤人	当心伤手	当心高温	当心低温
编号	16	17	18	19	20
标识					
意义	当心微波	当心有毒	当心磁场	当心爆炸	当心火灾
编号	21	22	23	24	25
标识					
意义	禁止吸烟	禁止烟火	禁止明火	勿动消防器材	禁止用水灭火
编号	26	27	28	29	30
标识					
意义	非请勿进	禁止堆放	禁止穿化纤衣服	禁止饮食	禁止启动

续 表

编号	31	32	33	34	35
标识					
意义	必须拔出插头	必须洗手	紧急沐浴	废液回收	请勿乱丢垃圾
编号	36	37	38	39	40
标识					
意义	遇湿易燃物品	自燃物品	易燃固体	易燃液体	易燃气体
编号	41	42	43	44	45
标识					
意义	有毒气体	剧毒品	腐蚀品	氧化物	有机过氧化物
编号	46	47	48	49	50
标识					
意义	穿工作服	佩戴口罩	佩戴安全帽	不使用时关掉	佩戴手套

第二节 精细有机合成常用反应装置

一、回流反应装置

有机合成实验常用的回流反应装置如图 1 - 1 所示。图 1 - 1 连有一气体吸收装置，适用于反应时有水溶性气体（如氯化氢、溴化氢、二氧化硫等）产生的实验；图 1 - 2 为带有恒压滴液漏斗和干燥管的回流装置；图 1 - 3 为同时带有二口连接管（Y 形管）的回流反应装置，如有四颈烧瓶则可免去 Y 形管；图

1-4 为边滴加边回流边蒸馏装置，回流加热前应先加入沸石，根据瓶内液体的沸腾温度，可用水浴、油浴、空气浴加热等方式。回流的速度应控制在液体蒸气浸润不超过两个球为宜。图 1-5 为边滴加边回流分水的反应装置，图 1-6 为制备量放大的反应装置。

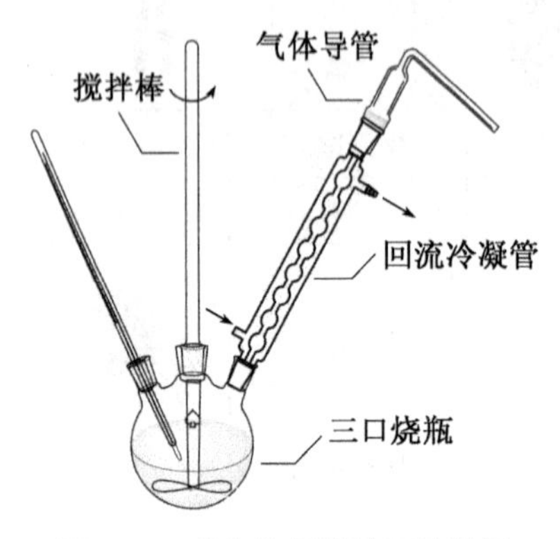

图 1-1　带气体导管的回流装置

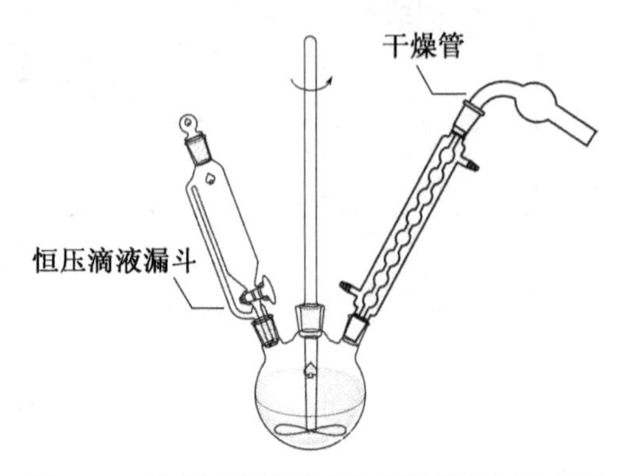

图 1-2　带恒压滴液漏斗和干燥管的回流装置

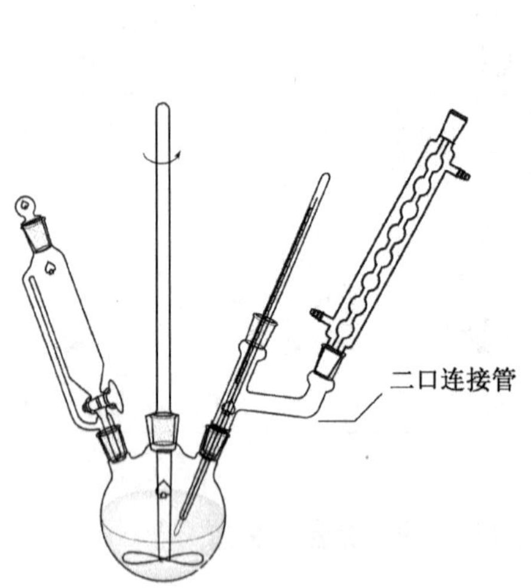

图 1-3　带有二口连接管的回流反应装置

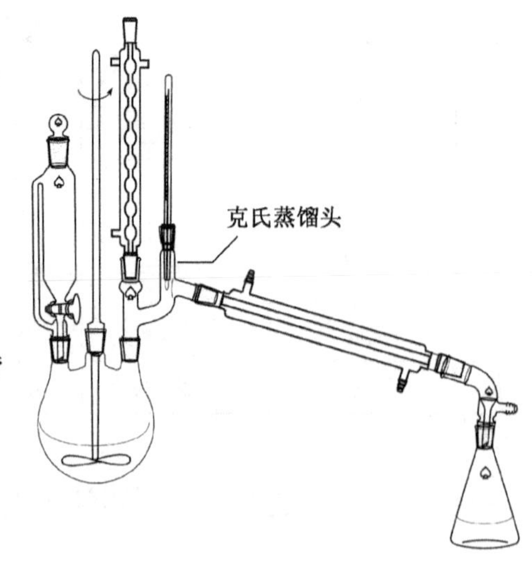

图 1-4　边滴加边回流边蒸馏装置

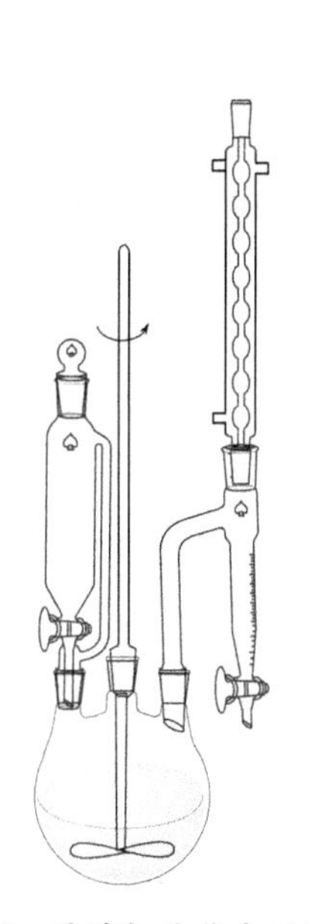

图 1－5　边滴加边分水反应装置

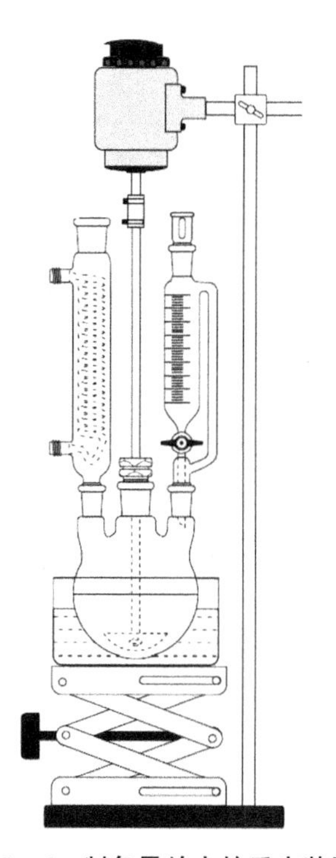

图 1－6　制备量放大的反应装置

二、蒸馏装置

图 1－7 为蒸馏装置。若用于易挥发的低沸点液体的蒸馏，则需将接液管的支管连上橡皮管，通向气体吸收装置或水槽。图 1－8 是应用空气冷凝管的蒸馏装置，常用于蒸馏沸点在 130 ℃以上的液体。图 1－9 为接液管接入真空泵的减压蒸馏装置，用于沸点较高产物或在高温下不稳定的产物的蒸馏。图 1－10 为水蒸气蒸馏实验装置，用于某些在达到沸点时容易被破坏的有机物的蒸馏。采用水蒸气蒸馏法是将水蒸气通入不溶于水的有机物中而使有机物和水在 100 ℃以下经过共沸同时蒸出，而与反应混合物分离。

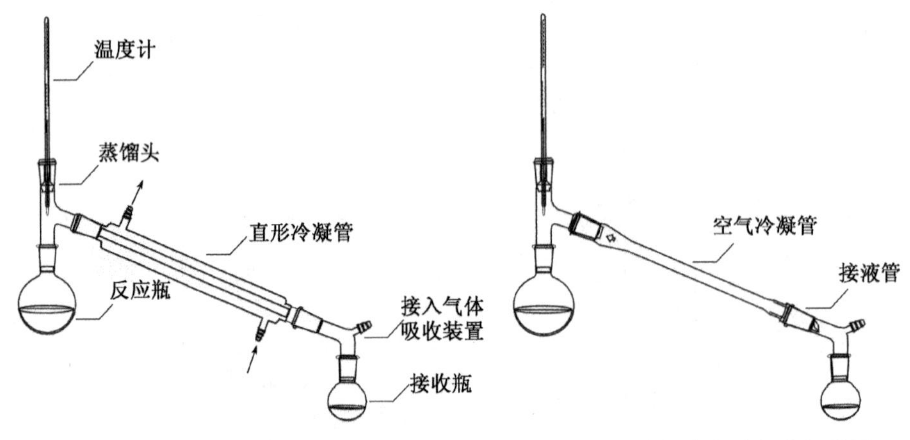

图 1-7　常压水冷凝蒸馏装置　　　　图 1-8　常压空气冷凝蒸馏装置

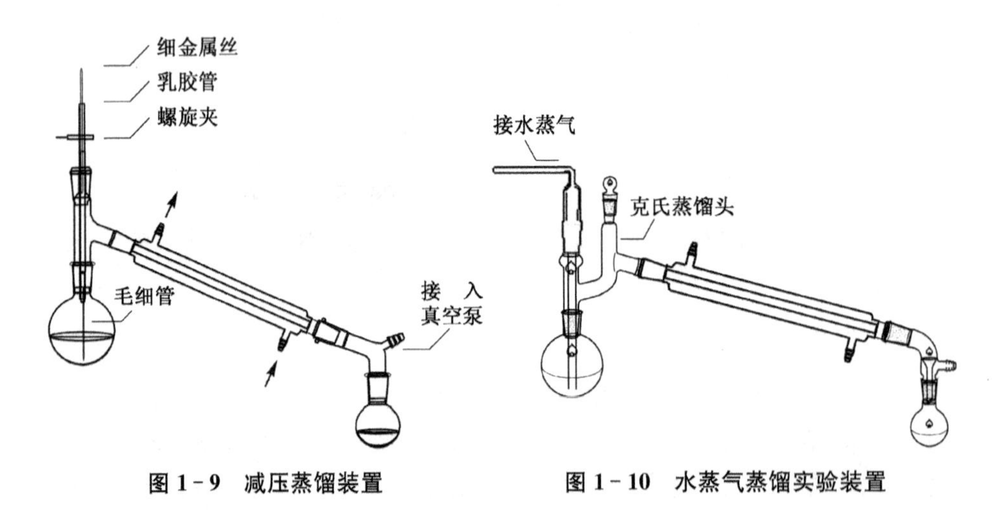

图 1-9　减压蒸馏装置　　　　图 1-10　水蒸气蒸馏实验装置

三、气体吸收装置

图 1-11 为反应气体吸收装置，用于吸收反应或蒸馏过程中生成的有刺激性和水溶性的气体(例如氯化氢等)，烧杯中的玻璃漏斗应略微倾斜使漏斗口一半在水中，一半在水面上，以避免造成密闭装置，这样，既能防止气体逸出，又可防止水被倒吸至反应瓶中。图 1-12 是用于 Cl_2 等有毒气体的吸收装置，吸收瓶装入碱性水溶液等液体用于吸收气体，气体从玻璃导管 1 进入缓冲瓶，再通过玻璃导管 2 伸入吸收瓶液面之下 1 cm 处，玻璃导管 3 与大气相通，此装置不会造成液体外流或倒吸现象。

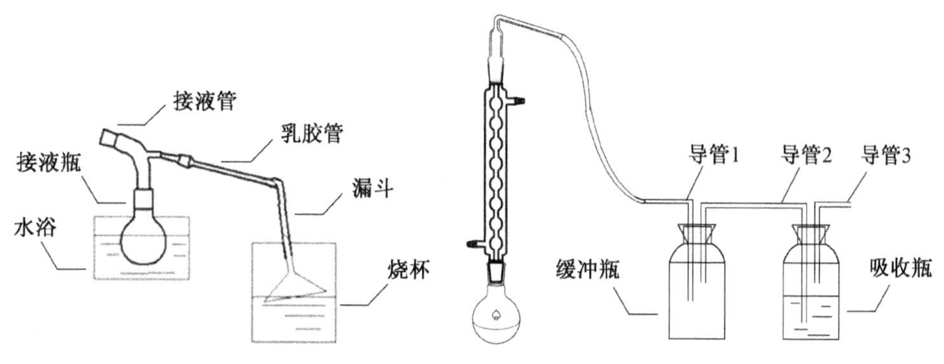

图 1-11　蒸馏的气体吸收装置　　图 1-12　回流反应的气体吸收装置

四、减压抽滤装置

图 1-13 为减压过滤装置，减压过滤又称吸滤、抽滤或真空过滤，具有过滤速度快、沉淀内含溶剂少、易干燥等优点。减压过滤装置利用减压水泵或其他真空泵，使抽滤瓶内形成负压，达到加速过滤的目的。使用前先将滤纸剪成略小于布氏漏斗内径且能全部盖住小孔的尺寸，用少量洗液把滤纸润湿后，将布氏漏斗装在吸滤瓶上，漏斗管径下方的斜口要正对吸滤瓶的支管口，以免减压过滤时母液直接冲入安全瓶。缓冲瓶的作用是防止关闭水泵或水压突然变小时，真空泵中的水倒吸入抽滤瓶内。抽滤完毕或中间停止抽滤时，首先打开缓冲瓶的螺旋夹连通大气。如果真空泵与抽滤瓶直接相连，应首先拔下连接抽滤瓶与真空泵的橡皮管或松开布氏漏斗，形成常压，以免倒吸。

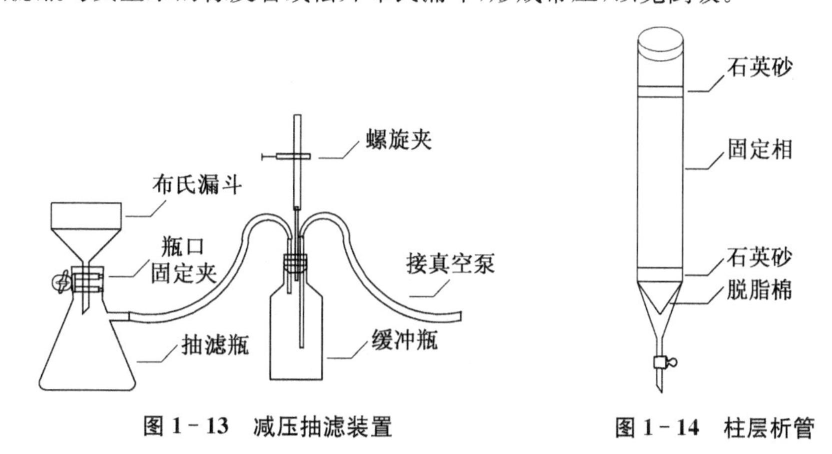

图 1-13　减压抽滤装置　　图 1-14　柱层析管

五、色谱法

色谱法最初是由俄国植物学者 Michael Tswett 于 1906 年所发现，他将粗制叶绿素的石油醚溶液通过装满 $CaCO_3$ 的玻璃管过滤时，发现在管上出现了绿色和黄色色带，因而称之为色谱法。然后，他再分别地把各部分分开，再以甲醇提取，最初分离出叶绿素与类胡萝卜素。此后不久，该法为学术界人们长久遗忘。直到 1931 年，Richard Kuhn 将此法应用于 α、β、γ-胡萝卜素(α、β、γ-carolene)的分离，并获得成功后，色谱法又盛行起来。不同的是，Kuhn 将 $CaCO_3$ 换成了 Al_2O_3。事实上，他们的方法的共同点都是根据不同物质在 $CaCO_3$ 或 Al_2O_3 上的吸附能力的不同而分开的，故也称为吸附色谱法(adsorption chromatography)。1941 年，Martin 等人设计了一种新的色谱方法，称为分配色谱法(partition chromatography)，该法是利用物质在固定相和流动相中分配率的差别进行分离的。

色谱法(chromatography)在有机合成和药物合成中有着重要而广泛的应用。色谱法主要应用于：① 分离提纯；② 鉴定化合物；③ 确定化合物的纯度；④ 观察化学反应是否完成。

根据吸附剂或固定相具有的形状的不同而有柱色谱法、纸色谱法；此外，还有薄层色谱(TLC)、气相色谱法(GC)、液相色谱法(LC)及高效液相色谱法(HPLC)等类型。色谱法分离提纯有机化合物的基本原理是利用混合物各组分在某一介质(一般是多孔性质)中的吸附或溶解性能或分配性能的差异，或其亲和性的不同，使混合物的溶液流经该种物质进行反复的吸附—解吸附或分配—再分配作用，从而使各组分分离。

吸附色谱主要是以氧化铝、硅胶等作为吸附剂(称为固定相)，将一些物质自溶液中吸附到固定相的表面上，而后用溶剂(称为流动相)洗脱或展开，利用不同化合物在吸附剂上吸附力不同，和它们在溶剂中的溶解度不同而得到分离。

吸附色谱和分配色谱的分离均可采用柱色谱和薄层色谱两种方式。纸色谱也属于分配色谱。分配色谱主要是利用混合物的组分在两种不相溶的液体中分配情况不同而得到分离，相当于一种连续性溶剂萃取方法。这样的分离不经过吸附程序，仅由溶剂的萃取来完成。固定在柱内的液体称为固定相，它由一种固体如纤维素、硅胶或硅藻土等载体来吸附固定，载体本身没有吸附能力，对分离不起作用。用作洗脱的液体叫流动相进。行分离时，先将含有固定相的载体装在柱内，加入试样溶液后，用适当的溶剂进行洗脱。由于试样各组分在两相之间的分配不同,因此,被流动相带着向下移动的速度也不同,易溶于流动相的组分移动得快些,而在固定相中溶解度大的组分就移动得慢一些,因此得到分离。

若将粉末状或磨细的氧化铝(或硅胶)加入至含有一种有机化合物的溶液中时,一部分有机物将会吸附或黏在氧化铝细粒上,使有机分子和氧化铝结合的力有好几种,这些力按其种类不同,强度不一。非极性化合物只用范德华力(Van der waals)与氧化铝结合,这种力较弱,故非极性化合物不能结合得很牢,除非它们的分子量非常大;极性有机化合物所用的相互作用力则较为重要,或为偶极-偶极相互作用力,或为某种直接的相互作用力(配位作用、氢键或盐的形成等)。这些相互作用的强度变化次序大致是:盐的形成>配位作用>氢键>偶极-偶极相互作用力>范德华力。对于溶解度来说,也有类似的法则,极性溶剂对极性化合物的溶解比非极性溶剂更为有效,非极性化合物则最易被非极性溶剂所溶解,因此,任何一个给定溶剂洗脱吸附在氧化铝或硅胶上的化合物的能力大小几乎直接决定于该溶剂的相对极性。对于每一种被吸附的组分来说,可以想象它们在吸附剂和溶剂之间都有一种分配平衡,即吸附剂不断地从溶液中吸附分子,又不断地向溶液中解吸分子,达到平衡时最终被吸附在颗粒上的分子的平均数既取决于被吸附的分子的性质,又取决于流动相溶剂的溶解效力。

一般来说,化合物分子的被吸附性与它们的极性成正比,分子中含有极性较大的基团时,吸附性也较强。具有下列极性基团的化合物,其吸附能力按下列排列次序递增:

$$\mathrm{-Cl, -Br, -I} < \mathrm{\gt C{=}C\lt} < \mathrm{-OCH_3} < \mathrm{-CO_2R} < \mathrm{-\overset{\displaystyle O}{\overset{\|}{C}}-} < \mathrm{-CHO} < \mathrm{-SH} < \mathrm{-NH_2} < \mathrm{-OH} < \mathrm{-COOH}$$

各类化合物被洗脱时,非极性化合物先洗脱,极性化合物后洗脱。分子量也是决定洗脱次序的因素之一,高分子量的非极性化合物比低分子量的洗脱得慢,甚至可能被某些极性化合物所超过。

1. 柱色谱(柱层析)

用于柱色谱的吸附剂有硅胶、氧化铝、氧化镁、碳酸钙和活性炭等。其中吸附色谱常用氧化铝和硅胶为吸附剂,分配色谱以硅胶、硅藻土和纤维素为支持剂,以吸附大量液体作为固定相。柱层析柱如图 1-14 所示,现以常用的氧化铝为吸附剂说明柱色谱分离方法。

(1) 吸附剂。用于色谱分离的氧化铝有酸性、中性和碱性三种类型。酸性氧化铝适用于有机酸类化合物的分离，其水提取液 pH 为 4～4.5；中性氧化铝适用于醛、酮、醌及酯类化合物的分离，其水提取液 pH 为 7.5；碱性氧化铝适用于生物碱类碱性化合物和烃类化合物的分离，其水提取液 pH 为 9～10。氧化铝的活性分为Ⅰ～Ⅴ五级，Ⅰ级的吸附作用太强，分离速度太慢，Ⅴ级的吸附作用太弱，分离效果不好，所以一般常采用Ⅱ、Ⅲ级。多数吸附剂都因强烈吸水导致活性降低，在使用时一般需经加热活化。吸附剂的活性与含水量有密切关系。柱色谱的分离效果还与吸附剂的粒度有关，柱色谱用的氧化铝以通过 100～150 目筛孔的颗粒为宜。颗粒太粗，溶液流出太快，分离效果不好。颗粒太细，表面积大，吸附能力强，但液体流速太慢，应根据实际需要而定。

(2) 溶质的结构和吸附能力。化合物的吸附能力和它们的极性成正比，化合物分子中含有极性较大的基团时其吸附能力较强。氧化铝对各种化合物的吸附能力按下列顺序递增：饱和烃＜卤代物、醚＜烯烃＜芳香族化合物＜酯、醛、酮＜醇、胺、硫醇＜酸、碱。

(3) 溶解试样的溶剂。溶解试样的溶剂的选择是重要的一环，通常根据被分离化合物中各种成分的极性、溶解度和吸附剂活性等来考虑：① 溶剂要求较纯，否则会影响试样的吸附和洗脱；② 溶剂和氧化铝不能起化学反应；③ 溶剂的极性应比试样极性小一些，否则试样不易被氧化铝吸附；④ 试样在溶剂中的溶解度不能太大，否则影响吸附，溶解度也不能太小，否则会造成溶液的体积增加，易使色谱分散；⑤ 有时可使用混合溶剂。如有的组分含有较多的极性基团，在极性小的溶剂中溶解度太小，可先选用极性较大的溶剂溶解，而后加入一定量的非极性溶剂，这样既降低了溶液的极性，又减少了溶液的体积。

(4) 洗脱剂。洗脱剂是一种能够将吸附在吸附剂上的试样进行有效分离的液体，它既可以是某种单一溶剂，也可以是一种混合溶液。如果原来用于溶解试样的溶剂冲洗柱子不能达到分离的目的，可改用其他溶剂。一般极性较大的溶剂容易将试样洗脱下来，但达不到将试样逐一分离的目的。因此，常使用一系列极性渐次增大的溶剂。为了逐渐提高溶剂的洗脱能力和分离效果，也可用混合溶剂作为过渡。可以利用薄层色谱筛选出适宜溶剂。常用洗脱溶剂的极性按以下次序递增：

己烷、石油醚＜环己烷＜四氯化碳＜三氯乙烯＜二硫化碳＜甲苯＜苯＜二氯甲烷＜三氯甲烷＜乙醚＜乙酸乙酯＜丙酮＜丙醇＜乙醇＜甲醇＜水＜吡

啶<乙酸

(5) 柱色谱操作步骤

① 装柱。先用洗液洗净色谱柱，用水清洗后再用蒸馏水清洗，干燥。在玻璃管底铺一层玻璃棉或脱脂棉，轻轻塞住，而后将氧化铝装入管内。装填方法分湿法和干法两种。湿法是将备用的溶剂装入管内，约为柱高的四分之三，而后将氧化铝和溶剂调成糊状，慢慢地倒入管中。此时应将管的下端旋塞打开，控制流出速度为 1 滴/s。用木棒或套有橡胶管的玻璃棒轻轻敲击柱身，使装填紧密，当装入量约为柱的四分之三时，再在上面加一小圆滤纸或脱脂棉，以保证氧化铝上端顶部不受流入溶剂干扰，如果氧化铝顶端不平，将易产生不规则的色带。操作时应控制流速，注意不能使液面低于上层表面。整个装填过程中不能使氧化铝有裂缝或气泡，否则会影响分离效果。干法是在管的上端放一干燥漏斗，使氧化铝均匀地经干燥漏斗成细流慢慢装入管中，中间不应间断，时时轻轻敲打柱身，使装填均匀，全部加入后，再加入溶剂，使氧化铝全部润湿。另外，也可先将溶剂加入管内约为柱高的四分之三处，而后将氧化铝通过一粗颈玻璃漏斗慢慢倒入并轻轻敲击柱身。干法装柱较简便，但湿法装柱更紧密均匀。

② 加样。先将氧化铝上多余的溶剂放出，直到柱内液体表面到达氧化铝表面时停止放出溶剂。沿管壁加入预先配制成适当浓度的试样，注意加样时不能冲乱氧化铝平整的表面，试样溶液加完后，开启下端旋塞，使液体渐渐放出，至溶剂液面和氧化铝表面相齐(勿使氧化铝表面干燥)，再用少量溶剂洗净黏附于玻璃管内壁上的试样，当溶剂液面降至氧化铝表面时，即用溶剂洗脱。色谱柱大小、吸附剂量及试样量的关系如表 1-2。

表 1-2 色谱柱大小、吸附剂量及试样量

柱的直径/mm	柱高/mm	吸附剂量/g	试样量/g
3.5	30	0.3	0.01
7.5	60	3.0	0.10
16.0	130	30.0	1.00
35.0	280	300.0	10.00

③ 洗脱和分离。在洗脱和分离的过程中，应当注意：

(i) 应连续不断地加入洗脱剂，并保持一定高度的液面，在整个操作中勿使氧化铝表面的溶液流干，一旦流干再加溶剂，易使氧化铝柱产生气泡和裂缝，影响分离效果；

(ii) 收集洗脱液时，如试样各组分有颜色，在氧化铝柱上可直接观察，洗脱后分别收集各个组分。在多数情况下，化合物没有颜色，收集洗脱液时，多采用等份收集；

(iii) 要控制洗脱液的流出速度，一般不宜太快，否则柱中交换来不及达到平衡，因而影响分离效果；

(iv) 由于氧化铝表面活性较大，有时可能促使某些成分被破坏，所以应尽量在一定时间内完成一个柱色谱的分离，以免试样在柱上停留时间过长，发生变化。

柱色谱的分离效果不仅与吸附剂和洗脱剂的选择有关，还与吸附剂的用量及装填紧密程度、柱面平整性、洗脱速度等多种因素密切相关。一般说来，吸附剂的用量为试样的 30～40 倍，需要时可多至 100 倍，柱高与直径比一般为 7.5：1。洗脱速度要适中。

2. 纸色谱

纸色谱与吸附色谱分离原理不同，纸色谱属于分配色谱，它是以滤纸作为固定相或载体，根据各成分在两相溶剂中分配系数不同而相互分离的。纸色谱和薄层色谱一样，主要用于分离和鉴定，它的优点是便于保存，缺点是费时较长。它对亲水性较强的成分如酚和氨基酸分离较好。操作步骤如下：

(1) 滤纸选择

滤纸纤维松紧适宜，厚薄均匀，全纸平整无折痕。将滤纸切成纸条，大小可自行选择，一般为 3 cm×20 cm，5 cm×30 cm 或 8 cm×50 cm。

(2) 展开剂

展开剂的选择十分关键，应根据被分离物质的不同，选用合适的展开剂。展开剂的选择依照以下原则：

(i) 难溶于水的极性化合物：以非水极性溶剂（如甲酰胺、N，N－二甲基甲酰胺等）作固定相，以不能与固定相混合的非极性溶剂（如环己烷、苯、四氯化碳、氯仿等）作展开剂；

(ii) 能溶于水的化合物：以吸附在滤纸上的水作固定相，以与水能混合的有机溶剂（如醇）作展开剂；

(iii) 对不溶于水的非极性化合物：以非极性溶剂（如液体石蜡、α－溴萘等）作固定相，以极性溶剂（如水、含水的乙醇、含水的酸等）作展开剂；

(iv) 展开剂对被分离物质的溶解度要合适，太大被分离物质随展开剂跑得太快；太小则会留在原点。两种情况都不利于分离。

(v) 一般不能使用单一的展开剂。如常用的正丁醇/水，是指用水饱和的正丁醇。正丁醇∶醋酸∶水=4∶1∶5 是指三种溶剂按其体积比，放入一分液漏斗中充分振摇混合，放置、分层，取上层正丁醇混合液作为展开剂。

(3) 点样

取少量试样，用水或易挥发的有机溶剂(如乙醇、丙酮、乙醚等)，将它完全溶解，配制成 1%的溶液。用铅笔在滤纸上画线，标明点样位置，以毛细管吸取少量试样溶液，在滤纸上按写好的编号分别点样，控制点样直径在 0.2～0.5 cm。然后将其晾干或在红外灯下烘干。

(4) 展开

在展开槽中注入展开剂，将已点样的滤纸晾干后悬挂在展开槽内，将点有试样的一端放入展开剂液面下约 1 cm 处，注意试样斑点的位置必须在展开剂液面之上。

(5) 显色

展开完毕，取出滤纸，画出前沿。如化合物本身无色，可在紫外灯下观察有无荧光斑点，用笔在滤纸上画出斑点位置，形状大小。通常可用显色剂喷雾显色，不同类型化合物可用不同的显色剂。如化合物本身有颜色，可直接观察斑点。纸色谱装置如图 1-15 所示。

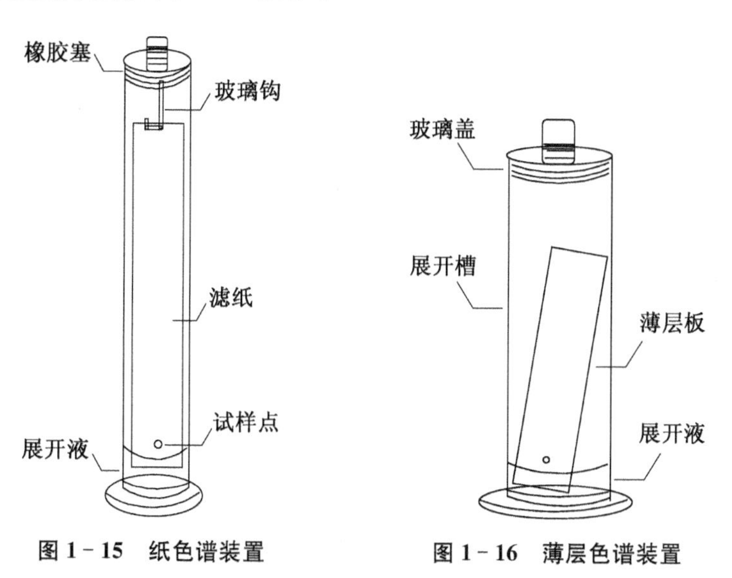

图 1-15　纸色谱装置　　**图 1-16　薄层色谱装置**

(6) 比移值(R_f 值)的计算

在固定的条件下，各个化合物有固定的比移值(R_f)。比移值的计算如下式：

$$R_f=\frac{\text{溶质最高浓度中心至原点中心的距离}}{\text{溶剂前沿至原点中心的距离}}$$

当温度、滤纸质量和展开剂等都相同时，对于一个化合物比移值是一个特有的常数，因而可作定性分析的依据。但在测定 R_f 值时，常采用标准试样在同一张滤纸点样对照。

3. 薄层色谱

薄层色谱兼具了纸色谱和柱色谱的优点，它不仅适用于小量试样的分离，也适用于大量试样的纯化精制，是一种快速而简便的色谱法。薄层色谱分吸附色谱和分配色谱两类。它常常用作柱色谱的先导，因为凡能用氧化铝或硅胶吸附色谱分开的试样，也能用相应的吸附柱色谱分开；凡能用硅藻土或纤维素作支持剂分配色谱分开的试样，也能用相应的分配柱色谱分开。

依据各组分对吸附剂吸附能力不同，吸附能力弱（即极性较弱的）随流动相移动快，而吸附能力强（即极性较强的）随流动相移动慢，从而把各组分分开。

薄层色谱装置如图 1－16 所示。包括薄层板的制备、点样与展开、显色、刮板和洗脱四个步骤。

（1）薄层板的制备

分干法和湿法两种，一般多采用湿法。若制备吸附薄层色谱板，先将硅胶与水按 1∶2.5（质量比）混合均匀调成糊状（氧化铝与水的比例则为 1∶1）。选一干净平整的玻璃板将调成糊状的吸附剂均匀铺在玻璃板上，并用手指夹住玻璃板外侧左右摇晃，再固定一端上下抖动，使薄板表面均匀平整和光滑。然后置于水平台上静置晾干。晾干后的薄层板需要加热活化，一般可置于烘箱中慢慢升温至 110 ℃左右，活化 30～40 min，可得Ⅳ～Ⅴ级活化薄层板。氧化铝薄板需在 200～220 ℃烘干 4 h，可得Ⅱ级活性薄层板；若要制得Ⅲ～Ⅴ级活性板，应在 150～160 ℃烘干 4 h。制好的活性板应置于干燥器中保存备用。通常将加黏合剂的薄层板称为硬板，不加黏合剂的称为软板。薄层板制备的好坏在薄层色谱法中是至关重要的，总的要求是厚薄均匀，表面平整，无裂纹，厚度以 0.25～1 mm 为宜。

（2）点样与展开

点样前可先在距薄层板一端约 1 cm 处轻画一条线作为“起始线”，然后用内径小于 1 mm 的毛细管吸取试样，小心地点在“起始线”上。若在同一块板上点两个以上的试样，则试样点之间的距离应不小于 1 cm，试样点的直径应尽可能小些。试样浓度不够时，可以待溶剂挥发后，在原点上重复1次。点样处浓度太稀会使显色不清楚而影响观察；太浓时应注意手不能用力过重或出现抖动，否则会影响吸附剂层的毛细作用，从而影响试样的 R_f 值，出现拖尾现象。点样时固体试样宜配制成1%～5%的浓度。

待试样点上的溶剂挥发后即可将薄层板放入展开槽中展开，展开是在充满展开剂蒸气的密闭展开槽中进行的。展开方式分卧式、斜靠式和下行式，卧式展开薄层板倾斜15°放置，卧式展开既适用于硬板，也适用于软板；斜靠式展开薄层板的倾斜角度为30°～90°，一般只适合于硬板；下行式展开薄层板垂直悬挂在展开槽中，由一条滤纸条或纱布条搭在展开剂或薄层板上沿，靠毛细作用引导展开剂自板的上端向下展开。

（3）显色。试样化合物本身有色，则可直接观察，否则须先经过显色才能观察到斑点的位置，以判断分离情况，常用显色法为：① 碘蒸气显色法；② 紫外光显色法；③ 试剂显色法。

第三节　实验报告

精细化工专业实验按时间顺序分为实验预习、实验阶段、产品表征及数据处理四个阶段。

一、实验预习

实验预习是实验报告的重要部分。实验预习认真与否，是实验成功的关键之一。实验前须对实验的目的、要求和试剂及产物的物理化学性质等进行全面的预习，以便对整个实验内容做到心中有数，对实验中可能遇到的问题，应查阅有关资料，确定正确的实验方案，使实验得以顺利进行。预习实验报告与实验报告可合二为一，但实验数据也可以写在实验记录本上，实验后再将收集和处理的数据一起誊写到实验报告上。实验前若不精心准备，只“照方抓药”，则实验达不到预期效果。

预习的实验内容如下：

（1）实验目的

① 掌握实验的原理、单元反应机理；

② 熟悉主要的实验操作。

（2）仪器与试剂

① 给出原料的理论投料，并空出实际投料，以便实验时根据实际称量或

量取的量进行填写，投料量既要有质量或体积，也要同时具备各原料物质的量；

② 画出实验装置图，标出仪器装置的名称和主要性能。

(3) 实验原理

① 主要包括主反应和重要副反应的反应方程式，了解副反应发生的工艺条件，以便控制反应条件，减少副反应的发生；

② 查阅原料、产物和主要副反应产物的分子量、熔点、沸点、颜色、状态、气味等物理常数。

(4) 预习内容

① 实验原理、涉及的单元反应；

② 了解实验中各种原料及产物的主要物理性质；

③ 写出简明实验步骤和流程图；

④ 列出、标出实验操作中的关键步骤、实验中可能出现的问题及注意事项，以便通过实验验证和解决。

二、实验记录

实验记录是原始资料，写好实验记录是从事科学实验的一项重要训练。在实验过程中，实验者必须养成边进行实验边直接在实验记录本上做记录的习惯，不可用零星散纸暂记再转抄，更不可事后凭记忆补写“回忆录”。

实验记录应记上：实验的题目、日期、气候、室温、试剂的规格和用量，仪器的名称、牌号，每步反应或实验操作的时间，实验现象和反应温度数据等。对于观察的现象应如实而详尽地记录，不得弄虚作假。此外，产物的预处理、后处理、产物外观、产物质量、产物表征和鉴定(熔点、元素分析、光谱分析)及其他物理常数也应详细记录。

三、数据处理

(1) 收率计算

为了计算已合成的化合物的百分收率，确定限制反应物与过量反应物是关键。有机化学反应在正常情况下只有两个反应物，为使反应进行完全，通常一种反应物为过量反应物，一种反应物为限制反应物，在反应完成后，过量的反应物仍然存在，而限制反应物则全部消耗掉。如果已知每一个反应物的质量，那么根据该化合物的摩尔质量(一般即为分子量)，就能计算出此化合物的物质的量，将此化学方程式的化学计量数与反应物实际投料物质的量进行比较，大于化学计量数的反应物即为过量反应物，显而易见，小于化学计量数的反应物即为限制反应物。以限制反应物为标准计算此反应产物的理论质量和收率。

［例］ 10.0 g(0.10 mol)顺丁烯二酸酐和20.0 g(0.11 mol)蒽在甲苯中发生 Diels-Alder 反应生成淡黄色晶体催化剂酸酐(Ⅰ)17.6 g，则计算获得酸酐(Ⅰ)的收率为：

二甲苯，H_2O_2

（酸酐Ⅰ）

	蒽	顺丁烯二酸酐	酸酐Ⅰ
化学计量数	1	1	1
理论投料量	178.23 g/mol	98.06 g/mol	276.29 g/mol
实际投料量	$\frac{20.0\ \text{g}}{178.23\ \text{g/mol}}=0.11\ \text{mol}$	$\frac{10.0\ \text{g}}{98.06\ \text{g/mol}}=0.10\ \text{mol}$	17.6 g
	（过量反应物）	（限制反应物）	（产物实际质量）

方法一：可以通过产物的物质的量计算顺丁烯二酸酐和蒽合成酸酐(Ⅰ)的收率：

$$\begin{aligned}\text{收率}&=\frac{\text{产物实际物质的量}}{\text{产物理论物质的量}}\times100\%\\&=\frac{\text{产物实际质量/酸酐Ⅰ的物质的量}}{\text{限制反应物的物质的量}}\times100\%\\&=\frac{17.6\ \text{g}/276\ \text{g/mol}}{0.1\ \text{mol}}\times100\%\\&=63.8\%\end{aligned}$$

方法二：也可通过产物的质量计算顺丁烯二酸酐和蒽合成酸酐(Ⅰ)的收率：

$$\begin{aligned}\text{收率}&=\frac{\text{产物实际质量}}{\text{产物理论质量}}\times100\%\\&=\frac{\text{产物实际质量}}{\text{由限制反应物计量的产物理论质量}}\times100\%\\&=\frac{17.6\ \text{g}}{0.1\ \text{mol}\times276\ \text{g/mol}}\times100\%\\&=63.8\%\end{aligned}$$

(2) 数据分析

论证实验成功或失败，或者对实验条件下产生的某种异常现象或实验结果的原因分析。

四、思考题

每个实验都配有 2～5 题与实验内容相关的思考题，在预习时应该能大致了解，而不明白之处通过实验过程加以解答。

五、实验报告范例

合成实验的实验报告见表 1－3 实验报告模板一，天然产物提取与纯化实验的实验报告见表 1－4 实验报告模板二。

表 1－3　实验报告模板一

实验名称	实验七　医药中间体扁桃酸的制备（20××年××月××日；室温：25 ℃；天气：晴朗）
实验目的	（1）掌握相转移催化原理； （2）了解卡宾加成反应和重排反应的机理； （3）掌握重结晶的实验方法。
主要仪器化学试剂及装置图	（1）试剂：苯甲醛；氯仿；50％氢氧化钠（质量分数）；四丁基溴化铵；50％硫酸。 （2）仪器：可调温电热套；水浴锅；电动搅拌器；250 mL 三口烧瓶；恒压滴液漏斗；回流冷凝管；电子天秤。 （3）反应装置、蒸馏装置如下： 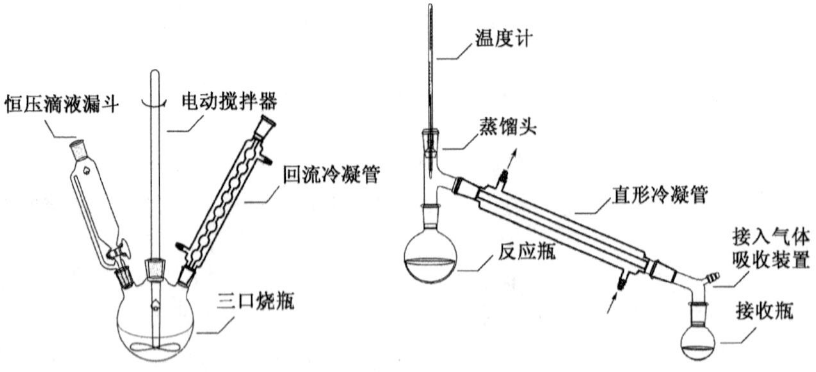 恒压滴液漏斗　电动搅拌器　回流冷凝管　三口烧瓶 反应装置 温度计　蒸馏头　直形冷凝管　反应瓶　接入气体吸收装置　接收瓶 蒸馏装置
实验原理	以苯甲醛、氢氧化钠和氯仿为原料，在四丁基溴化铵催化下反应得扁桃酸，反应式如下： 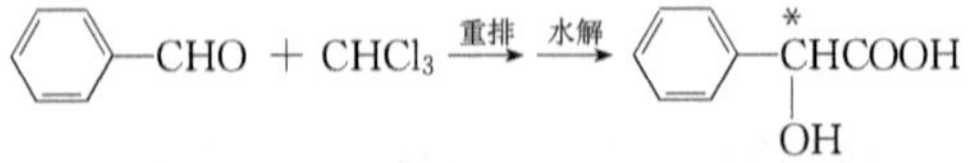 $C_6H_5-CHO + CHCl_3 \xrightarrow{重排} \xrightarrow{水解} C_6H_5-\overset{*}{C}H(OH)COOH$

续　表

<table>
<tr><td></td><td>反应采用四丁基溴化铵为相转移催化剂，在氢氧化钠作用下，氯仿生成三氯甲基碳负离子，被相转移催化剂转移到有机相中，在有机相中产生活泼中间体二氯卡宾，二氯卡宾对苯甲醛的羰基进行加成反应，加成的产物环丙烷衍生物，再经过重排，水解得到扁桃酸。
反应历程如下：
水相　$(C_4H_9)_4N^+Br^- + NaOH \rightleftharpoons (C_4H_9)_4N^+OH^- + NaBr$
（两相间平衡 $\rightleftharpoons$；$CHCl_3$）
有机相　$(C_4H_9)_4N^+Cl^- + :CCl_2 \rightleftharpoons (C_4H_9)_4N^+CCl_3^- + H_2O$
$:CCl_2$ + C_6H_5CHO $\longrightarrow$ $C_6H_5CH(O)CCl_2$（环氧中间体） $\xrightarrow{重排}$ $C_6H_5CHCl-COCl$ $\xrightarrow[OH^-]{H_2O}$ $\xrightarrow{H^+}$ $C_6H_5\overset{*}{C}H(OH)-COOH$</td></tr>
<tr><td>注意事项</td><td>(1) 当烧瓶上部为黄色油状液体而没有白色固状物时说明反应已完成。停止加热，烧瓶内上层为棕黄色油状物，下层为白色絮状沉淀。
(2) 重结晶得到的扁桃酸晶体用少量石油醚(30～60 ℃)洗涤，促使其快干。</td></tr>
<tr><td>实验步骤</td><td>一、实验
(1) 实验准备
在配有回流冷凝管、滴液漏斗和电动搅拌器的三口烧瓶中加入新蒸馏的苯甲醛 10.1 mL(10.6 g，0.1 mol)、氯仿 20 mL(30 g，0.25 mol)、相转移催化剂四丁基溴化铵 1.61 g(0.05 mol)。
(2) 反应
水浴加热，升温至 50 ℃时，开始滴加 50%的氢氧化钠溶液 30 mL(0.375 mol)，控制水浴温度在 58～60 ℃，约 2 h 滴加完，保持水浴温度 60 ℃，继续反应，当烧瓶上部为黄色油状液体而没有白色固状体时说明反应已完成，停止加热，烧瓶内上层为棕黄色油状物，下层为白色絮状沉淀。
(3) 分离
在烧瓶内加入适量的水，使固状物全部溶解，静置分层除去氯仿层，水层用 10 mL 乙醚萃取二次，乙醚萃取液回收。水层再用 50%(质量分数)硫酸酸化至 pH<1，这时水层从酸化前的亮黄色变为乳白色，上层有少许黄色油状物，用分液漏斗除去油层后，再用乙醚萃取 2 次，合并乙醚层并用无水硫酸钠干燥后，用 40 ℃水浴蒸去乙醚，得到淡黄色固体的扁桃酸粗品。
(4) 纯化
将扁桃酸粗品放入烧杯中，根据扁桃酸粗品的量加入少量甲苯进行重结晶，搅拌，加热使其全部溶解，趁热过滤，母液在室温下放置使结晶慢慢析出，冷却后抽滤、干燥得白色晶体，称重，测定熔点。</td></tr>
</table>

续　表

实验记录

（二）实验记录

时间	实验步骤	实验现象	备注
10:00	取苯甲醛 10.1 mL（加入三口瓶）		室温：28 ℃
10:05	取氯仿 20.0 mL（加入三口瓶）		
10:08	取四丁基溴化铵 16.1 g（加入三口瓶）		
10:09	50%氢氧化钠 30.0 mL 加入滴液漏斗		
10:10	安装反应装置		
10:12	开始加热		
10:25	水温升至 50 ℃，开始滴加氢氧化钠。	溶液中出现白色絮状物	
10:30	控制水温在 58～60 ℃	溶液变黄	
12:14	50%氢氧化钠滴毕，继续保温反应	溶液分层，上层为棕黄色油状液体，下层为白色固状物	
12:23		溶液中仍有气泡产生	
12:30	加水搅拌	固体全部溶解	
12:45	将三口烧瓶中反应液转移至分液漏斗	溶液分层，上层为亮黄色，下层为棕黄色。	
12:52	放出下层氯仿层		
12:54	取 10.0 mL 乙醚萃取水层，重复两次	上层为亮黄色，下层为白色	
13:15	加 50%硫酸酸化、静置	溶液由亮黄色变为白色	
14:05	过滤		
14:06	取 10.0 mL 乙醚洗涤，重复两次		
15:00	搭蒸馏装置，回收乙醚、分离扁桃酸		
15:02	开始水浴加热控制，温度在 40 ℃	第一滴乙醚滴入锥形瓶	
15:05	停止加热	没有新的乙醚被蒸出	
15:30	加苯精制		
15:40	抽滤，称重，测定熔点	粗品：5.6 g，回收乙醚 23.3 mL	
16:30		精制扁桃酸：3.5 g	烘干

续　表

结果与讨论

(1) 红外光谱图表征

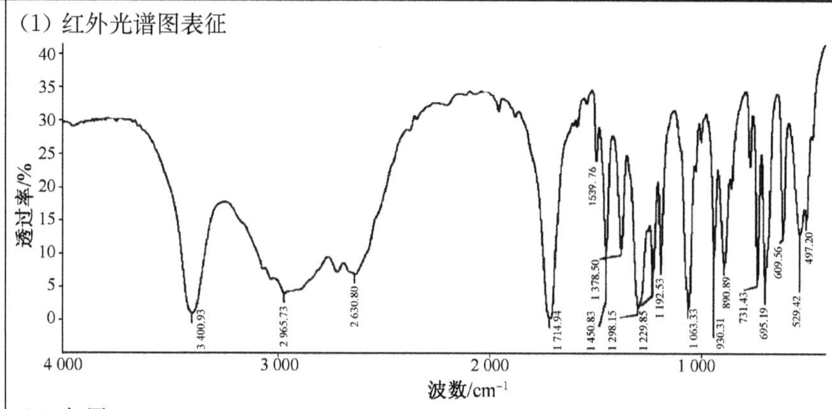

(2) 归属

白色结晶，mp：118～120 ℃；IR：3 400.32 cm^{-1}（羟基 O—H 伸缩振动），2 965.73～2 630.80 cm^{-1}（苯环及次甲基 C—H 伸缩振动），1 714.94 cm^{-1}（羧酸 C═O 伸缩振动），1 539.76 cm^{-1}、1 450.83 cm^{-1}、1 378.50 cm^{-1}（苯环骨架伸缩振动），1 229.85 cm^{-1}（羧基的 C—O 伸缩振动），1 063.33 cm^{-1}（醇羟基 C—O 伸缩振动），731.43 cm^{-1}、695.19 cm^{-1}（苯环单取代特征峰）。

(3) 数据处理

表 1　原料投料量及实验数据记录

原料名称	投料量/g 或 mL	产物名称	质量/g 或 mL	收率/%
苯甲醛	10.1 mL(0.1 mol)	粗扁桃酸	12.6 g	63.3%
氯仿	20.0 mL(0.25 mol)	实得扁桃酸	10.5 g	
		理论扁桃酸	16.6 g	

理论值：

$$n(\text{苯甲醛})=n(\text{扁桃酸})=0.1\ \text{mol}$$

$$m(\text{扁桃酸})=n\times M=0.1\ \text{mol}\times 166\ \text{g/mol}=16.6\ \text{g}$$

实际值：

$$m(\text{扁桃酸})=10.5\ \text{g}$$

$$\text{收率}=\frac{\text{产物实验质量}}{\text{产物理论质量}}\times 100\%=\frac{10.5\ \text{g}}{16.6\ \text{g}}\times 100\%=63.3\%$$

收率偏低的原因：(1) 苯甲醛不是新蒸馏的，苯甲醛有部分被氧化；(2) 后处理有部分损失。

思考题

【思考题】

1. 举例说明相转移催化作用原理。

答：相转移催化剂的催化反应，是在互不相溶的两相间（如水相和有机相）利用相转移催化剂使反应物（实际参加反应的一个实体）从一相（如水相）转移到另一相（如有机相）中，与该相中的另一物质发生反应，合成所需要的产物。

2. 如何判断反应是否结束？

答：当反应瓶上部为黄色油状液体而无白色固状物时说明反应结束。

表 1-4　实验报告模板二

实验名称	从茶叶中提取分离咖啡因(20××年××月××日;室温:28 ℃;天气:小雨)
目的要求	(1) 掌握天然产物中提取分离生物碱的原理和方法。 (2) 学会索氏提取器连续萃取(抽提)、蒸馏和升华操作。
主要仪器化学试剂及装置图	(1) 仪器:索氏提取器;回流冷凝管;加热套;表面皿;滤纸;蒸发皿;长颈漏斗。 (2) 药品:茶叶;95%乙醇;生石灰。 (3) 反应装置、蒸馏装置如下: 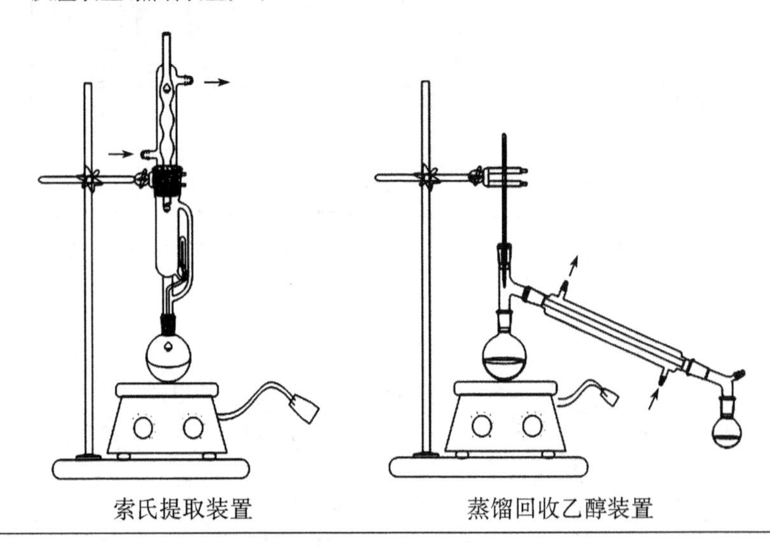 索氏提取装置　　蒸馏回收乙醇装置
实验原理	首先根据咖啡因易溶于乙醇的性质,采用索氏提取器用乙醇连续萃取茶叶中的咖啡因,当回流入索氏提取器中的液体量超过虹吸管的高度时,液体会沿着虹吸管全部被虹吸至下边的烧瓶中,完成一次虹吸。索氏提取液浓缩回收大部分乙醇后,浓缩液加入生石灰以防止丹宁产生的鞣酸与咖啡因反应而降低收率;依据咖啡因在 120 ℃时失去结晶水,且易于升华的性质,以及 178 ℃以上升华加快的性质,用升华法进行提纯。
注意事项	(1) 蒸馏加入生石灰的目的之一是吸收水分,防止升华时产生水雾,污染容器壁,目的之二是中和茶叶中的丹宁。因为水溶性丹宁是没食子酸的葡萄糖羟基酯的混合物,聚合型丹宁由葡萄糖和茶多酚组成,这两种丹宁在热 95%乙醇中部分水解分别生成没食子酸或茶多酚,可与具有碱性的咖啡因发生酸碱中和反应而降低咖啡因提取率。 (2) 咖啡因在 120 ℃升华显著,178 ℃升华加快,因此,用升华的方法进行纯化。 (3) 在萃取回流充分的情况下,升华操作是实验成败的关键。升华过程中,始终都需用小火间接加热。如温度太高,会使产物发黄。注意温度计应放在合适的位置,使正确反映出升华的温度。如无沙浴,也可以用简易空气浴加热升华,即将蒸发皿底部稍离开石棉网进行加热,并在附近悬挂温度计指示升华温度。

续　表

实验步骤

(1) 实验步骤

提取：用滤纸制作圆柱状滤纸筒，称取 10 g 茶叶，用研钵捣成茶叶末，装入滤纸筒中，将开口端折叠封住，放入提取筒中，将 250 mL 圆底烧瓶安装于电热套上，放入 2 粒沸石，安装好索氏提取装置，从仪器上部的回流冷凝管中加入够三次虹吸量的 95%乙醇，打开电源，加热回流 2 h。随着回流的进行，当提取筒中回流下来的乙醇液的液面稍高于索氏提取器的虹吸管顶端时，提取筒中的乙醇液发生虹吸并全部流回到烧瓶内，然后再次回流，虹吸，记录虹吸次数，虹吸 7～8 次后，当提取筒中提取液颜色变得很浅时，说明被提取物已大部分被提取，待冷凝液刚刚虹吸下去时，停止加热，移去电热套，冷却提取液，拆除索氏提取器(若提取筒中仍有少量提取液，倾斜使其全部流到圆底烧瓶中)。

纯化：安装冷凝管蒸馏回收提取液中大部分乙醇，至剩余 10 mL 左右时趁热倾入盛有 10 g 生石灰的蒸发皿中搅拌成糊状后蒸干成粉状(注意不可烤焦)。然后，将蒸发皿放在盖有石棉网的加热套上，盖一张刺有许多小孔的滤纸(刺孔向上)，将一只大小合适的玻璃漏斗罩于其上，漏斗颈部疏松地塞一团棉花，用电热套小心加热蒸发皿，慢慢升高温度，使咖啡因升华。咖啡因通过滤纸孔遇到漏斗内壁凝为固体，附着于漏斗内壁和滤纸上。当纸上出现白色针状晶体时，暂停加热，冷至 100 ℃左右，揭开漏斗和滤纸，仔细用小刀把附着于滤纸及漏斗壁上的咖啡因刮入表面皿中。将蒸发皿内的残渣加以搅拌，重新放好滤纸和漏斗，用较高的温度再加热升华一次。此时，温度也不宜太高，否则蒸发皿内会大量冒烟，产品既受污染又遭损失，合并两次升华所收集的咖啡因，测定熔点。

(2) 工艺流程图

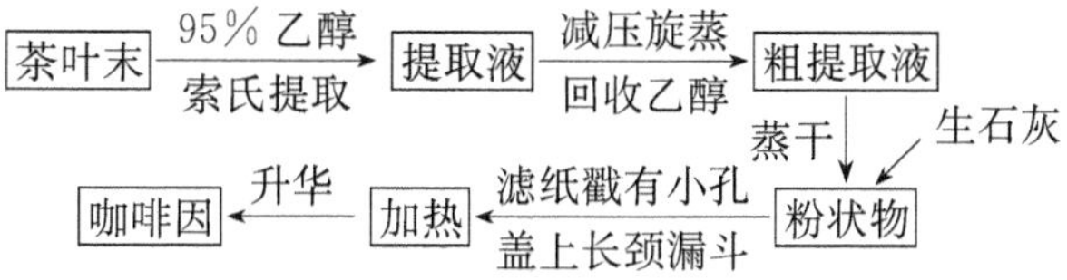

茶叶末 —(95% 乙醇 / 索氏提取)→ 提取液 —(减压旋蒸 / 回收乙醇)→ 粗提取液 —(蒸干；生石灰)→ 粉状物 —(滤纸戳有小孔 / 盖上长颈漏斗)→ 加热 —(升华)→ 咖啡因

实验记录

(3) 实验记录

时间	实验步骤	实验现象	备注
9：00	① 取 10.0 g 茶叶放入索氏提取器的直筒里，在平底烧瓶内放入适量沸石，将 120 mL 乙醇从索氏提取器上方加入进行第一次虹吸，搭建好回流装置并开始加热	加入乙醇后，烧瓶内为黄绿色液体，且从索氏提取器上方加入乙醇时，出现虹吸现象。索氏提取器中液体颜色也变为黄绿色	
11：35	② 虹吸提取 8 次(越多越好)，并随时关注颜色变化，当冷凝管第八次虹吸完成后，停止加热。(虹吸时间大约为 2.5 h～3.0 h)。提取筒中少量提取液一并倒入烧瓶。	加热后，上面的冷凝管逐渐有液体滴下，圆底烧瓶内溶液随着加热变为紫黑色，索氏提取管中溶液颜色为草绿色，随着虹吸次数的增加，上层溶液颜色逐渐变淡。	

续 表

时间	实验步骤	实验现象	备注
12:00	③ 搭建好蒸馏装置,将烧瓶内的液体进行蒸馏,待烧瓶内剩下溶液 10 mL 左右,停止加热。	蒸馏时,烧瓶内液体沸腾,锥形瓶中有无色透明液体滴入,烧瓶内液体逐渐减少。	
12:30	④ 残留液趁热倒入装有 10.0 g 生石灰的蒸发皿,用蒸馏出的少量乙醇洗涤烧瓶,洗涤液倒入蒸发皿。	烧瓶底部为浓的绿色溶液。	
12:45	⑤ 在蒸发皿内,把样品搅成糊状,放到蒸汽浴上炒成干粉状(不断搅拌,压碎成块状物)。	蒸发皿中成糊状,加热后成绿色干粉。	
13:00	⑥ 蒸发皿上盖一张多孔滤纸,滤纸上罩上一塞有棉花的玻璃漏斗,加热升华,当有白色针状结晶时,取下漏斗和滤纸,刮下上面的咖啡因。	玻璃漏斗壁和滤纸上有针状晶体,滤纸变黄,蒸发皿中为黑色固体。	
13:30	用电子天秤称量咖啡因,$m_{(咖啡因)}=0.21$ g。	性状为白色针状晶体。	

结果与讨论

(4) 数据处理

表 2　原料投料量及实验数据记录

原料名称	投料量/g 或 mL	产物名称	质量/g 或 mL	收率/%
茶叶	10 g	粗咖啡因	0.31 g	2.1%
生灰石	10 g	纯化咖啡因	0.21 g	
乙醇	100 mL			

咖啡因收率的计算:

$$咖啡因收率=\frac{纯化咖啡因质量}{茶叶质量}\times100\%$$

$$=\frac{0.21\ \text{g}}{10\ \text{g}}\times100\%$$

$$=2.1\%$$

提取率偏低的原因:可能蒸馏瓶中有少量粗品没有刮出,另外,粗品升华时有烟雾产生跑出漏斗而损失。

【思考题】

(1) 试述索氏提取器的萃取原理,它与一般的浸泡萃取相比,有哪些优点？

答：索氏提取器是利用溶剂的回流及虹吸原理，使固体物质每次都被纯的热溶剂所萃取，减少了溶剂用量，缩短了提取时间，因而效率较高。

(2) 本实验进行升华操作时，应注意什么？

答：在萃取回流充分的情况下，升华操作是实验成败的关键。升华过程中，始终都需用小火间接加热。如温度太高，会使产物发黄。可以把温度计放在蒸发皿边上，使正确反映出升华的温度。如无沙浴，也可以用简易空气浴加热升华，即将蒸发皿底部稍离开石棉网进行加热，并在附近悬挂温度计指示升华温度。

第二章　精细有机合成实验基本技术

第一节　精细有机合成实验基本操作

一、加热

有些有机反应在常温下很难进行或速度很慢，常要加热来加速反应，一般反应温度每提高 10 ℃，反应速度增加一倍。实验室中常采用的加热方法有：

1. 直接加热

玻璃仪器下垫石棉网进行加热。这种加热方法只适用于沸点高且不易燃烧的物质。加热时，灯焰要对着石棉块，不要偏向铁丝网。否则，造成局部过热，仪器受热不均，甚至发生仪器破损。

2. 水浴加热

加热温度在 80 ℃以下的可用水浴。加热时，将容器下部浸入热水中（水浴的液面应略高于容器中的液面），切勿使容器接触水浴锅底。如需要加热到接近 100 ℃，可用沸水浴或水蒸气浴。由于水的不断蒸发，应注意及时补加热水。

3. 油浴加热

加热温度在 80～250 ℃之间的可用油浴。

由于油类易燃，加热时油蒸气易污染实验室和着火。因此，应在油浴中悬挂温度计，随时观察和调节温度。若发现油严重冒烟，应立即停止加热。注意油浴温度不要超过所能达到的最高温度。植物油中加 1%对苯二酚，可增加其热稳定性。

4. 沙浴加热

加热温度在 250～350 ℃之间的可用沙浴。一般用铁盆装砂，将容器下部埋在砂中并保持底部有薄砂层，四周的砂稍厚些。因为砂子的导热效果较差，温度分布不均匀，温度计水银球要紧靠容器。

此外，也可用与容器大小一致的电热包或封闭式电炉加热。

5. 电热套加热

电热套分可调与不可调两种，加热温度范围较广，加热时选用合适大小的电热套，并调节到所需的温度。

二、冷却

许多有机反应是放热反应，随着反应的进行，温度不断上升，反应愈加猛烈，副反应增多。因此，必须用适当的冷却剂，使反应温度控制在一定范围内。此外，冷却也用于减小某化合物在溶剂中的溶解度，以便得到更多的结晶。

根据冷却的温度不同，可选用不同的冷却剂。最简单的方法是将反应容器浸在冷水中。若反应要求在室温以下进行，可选用冰或冰加水作冷却剂。若水对整个反应无影响，也可将冰块直接投入反应容器内。

如果要进行 0 ℃以下的冷却，可用碎冰加无机盐的混合物作冷却剂(见表 2-1)。制备冷却剂时，应把盐研细，再与冰按一定比例混合。

表 2-1　冰盐浴可冷却的温度

盐类	100 份碎冰中加入盐的份数	能达到的最低温度/℃
NH_4Cl	25	－15
$NaNO_3$	50	－18
NaCl	33	－21
$CaCl_2 \cdot 6H_2O$	100	－29
$CaCl_2 \cdot 6H_2O$	143	－55

固体二氧化碳(干冰)和某些有机溶剂(乙醇、氯仿等)混合，可得更低温度(－50～－78 ℃)。必须指出，温度低于－38 ℃时，不能用水银温度计，应改用内装有机液体的低温温度计。

三、干燥

干燥是指除去固体、液体、气体内少量水分(也包括除去有机溶剂)。在精细有机实验中，干燥是既普遍又重要的基本操作之一。如：样品的干燥与否直接影响熔点、沸点测定的准确性；有些反应，要求原料和产品“绝对”无水，为防止在空气中吸潮，在与空气相通的地方，还必须安装各种干燥管。干燥方法一般可分为：物理法和化学法。

物理法有吸附、分馏、共沸蒸馏等。此外离子交换树脂和分子筛也常用于脱水干燥。离子交换树脂是一种不溶于水、酸、碱和有机物的高分子聚合物。分子筛是多水硅铝酸盐晶体,因它们内部都有许多空隙或孔穴,可以吸附水分子。加热后,又释放出水分子,因此,可反复使用。

化学法是干燥剂去水。按其去水作用可分为两类:第一类与水可逆地结合生成水合物。第二类与水不可逆地生成新的化合物。实验中,应用较广的是第一类干燥剂。

1. 液体有机化合物的干燥

(1) 利用分馏或生成共沸混合物去水

对于不与水生成共沸混合物的液体有机物,若其沸点与水相差较大,可用精密分馏柱分开。还可利用某些有机物与水形成共沸混合物的特性,向待干燥的有机物中加入另一有机物,由于该有机物与水所形成的共沸混合物的共沸点低于待干燥有机物的沸点,蒸馏时便可逐渐将水带出,从而达到干燥的目的。

(2) 使用干燥剂去水

① 干燥剂选择

选择干燥剂时,除考虑干燥效能外,还应注意下列几点,否则,将失去干燥的意义。

(i)不能与被干燥的有机物发生任何化学反应或起催化作用;(ii)不溶于该有机物中;(iii)干燥速度快,吸水量大,价格低廉。

通常是先用第一类干燥剂后,再用第二类干燥剂除去残留的微量水分,而且仅在要彻底干燥的情况下,才用第二类干燥剂。各种有机物常用的干燥剂见表 2-2。

表 2-2 各类有机物常用干燥剂

化合物	干燥剂	化合物	干燥剂
烃	$CaCl_2$、Na、P_2O_5	酮	K_2CO_3、$CaCl_2$、$MgSO_4$、Na_2SO_4
卤代烃	$CaCl_2$、$MgSO_4$、Na_2SO_4、P_2O_5	酸、酚	$MgSO_4$、Na_2SO_4
醇	K_2CO_3、$MgSO_4$、CaO、Na_2SO_4	酯	$MgSO_4$、K_2CO_3、Na_2SO_4
醚	$CaCl_2$、Na、P_2O_5	胺	KOH、NaOH、K_2CO_3、CaO
醛	$MgSO_4$、Na_2SO_4	硝化物	$CaCl_2$、$MgSO_4$、Na_2SO_4

② 干燥剂的用量

干燥剂的用量可根据干燥剂的吸水量和水在液体中的溶解度以及液体的

分子结构来估计。一般对于含亲水基团的化合物，干燥剂的用量要过量的多些，而不含亲水基团的化合物要过量的少些。大体上每 10 毫升液体约需 0.5～1.0 克。

③ 干燥程序

干燥前，要尽量分净待干燥液体中的水，不应有任何可见水层及悬浮水珠。将液体置于锥形瓶中，加入干燥剂（其颗粒大小要适宜。太大吸水缓慢；过细，吸附有机物较多，且难以分离），塞紧瓶口，振荡片刻，静置观察。有时干燥前液体显浑浊，干燥后可变为澄清，以此作为水分已基本除去的标志。

2. 固体有机化合物的干燥

主要指残留在固体中的少量低沸点有机溶剂。其方法如下：

（1）自然干燥

适用于干燥在空气中稳定、不分解、不吸潮的固体。

（2）加热干燥

适用于熔点较高且遇热不分解的固体。可用恒温烘箱或红外灯烘干，注意加热温度必须低于固体有机物的熔点。

（3）干燥器干燥

凡易吸潮、分解或升华的物质，最好放在干燥器内干燥。干燥器的种类有：普通干燥器；真空干燥器；真空恒温干燥器。

四、萃取

萃取是提取和纯化有机化合物的常用手段，是利用物质在两种不互溶（或微溶）溶剂中溶解度或分配比的不同来达到分离、提取或纯化目的。萃取率为萃取液中被萃取物质与原溶液中该物质的量之比。萃取率越高，表示萃取过程的分离效果越好。

1. 液-液萃取

液-液萃取一般选择一个比萃取液大 1～2 倍体积的分液漏斗，在旋塞上涂好润滑脂，塞后旋转数圈，使润滑脂均匀分布，然后将旋塞关闭好，装入待萃取物和萃取剂，盖好塞子，分液漏斗振摇数次，使两液相之间接触充分，以提高萃取效率。开始振摇时要慢，振摇几次后，打开旋塞放气，关好旋塞再振摇，如此重复数次至放气时只有很小压力，再剧烈振摇 2～3 min，静置，使两液分层，然后取下塞子，将下面旋塞慢慢旋开，使下层液从旋塞放出。上层液从分液漏斗的上口倒出，切不可从下面旋塞放出，以免被残留在漏斗下部的第一种液体所污染。然后,将被萃取物倒回分液漏斗中,再用新的萃取剂进行萃取,一般为 3～5 次,将所有萃取液合并,可视被萃取物的性质确定纯化方法。在萃取时,可加入适量的电解质(如氯化钠),以降低有机化合物在水中的溶解度,分液漏斗萃取装置如图 2-1。

2. 液-固萃取

液-固萃取是从固体中萃取化合物。传统的浸出法效率不高、时间长、溶剂用量大。目前实验室用索氏(Soxhlet)提取器(或称脂肪提取器)来提取物质,见图 2-2 装置。通过对溶剂加热回流及虹吸现象,使固体物质每次均被新的溶剂萃取。此连续萃取装置效率高,节约溶剂,但受热易分解或变色的物质不宜采用。高沸点溶剂采用此法进行萃取也不合适。萃取前应先将固体物质研细,以增加固-液接触面积,然后将固体物质放入滤纸筒内(将滤纸卷成圆柱状,直径略小于提取筒的内径,下端折叠封口或用线扎紧),置于提取器中,轻轻压实,上面盖一小圆滤纸。提取器与盛有溶剂的烧瓶连接,装上冷凝管,开始加热回流,蒸气通过玻璃管上升,被冷凝管冷凝成液体滴入提取器中,当提取液超过虹吸管的顶端时,萃取液自动流入加热烧瓶中,萃取出部分物质,再加热回流,如此循环,直到被萃取物质大部分萃取出为止。固体中的可溶性物质富集瓶中,然后用适当方法将萃取物质从溶液中分离出来。

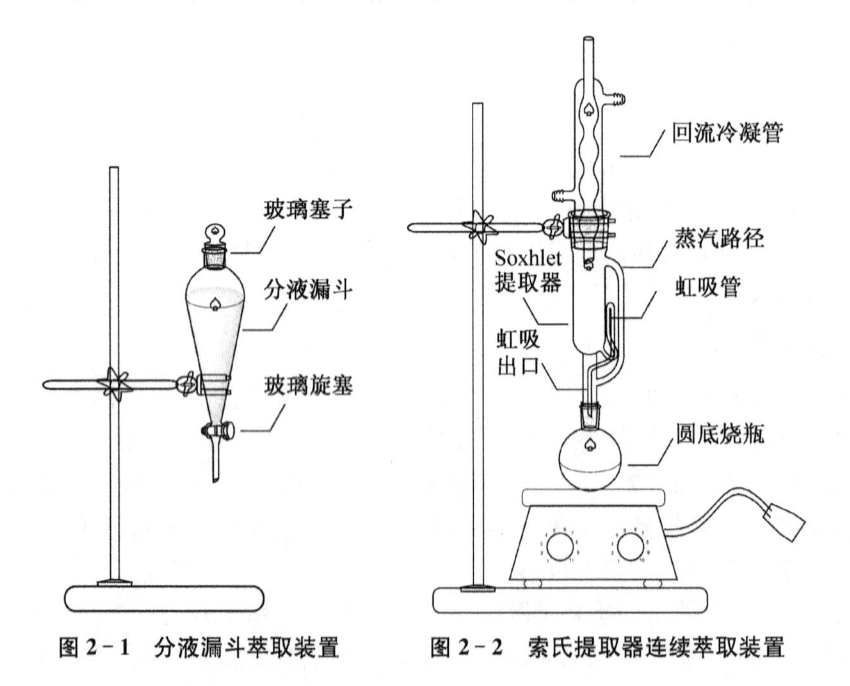

图 2-1　分液漏斗萃取装置　　图 2-2　索氏提取器连续萃取装置

五、表面张力的测定

测定溶液表面张力有多种方法，如毛细管上升法、滴重法、拉环法、最大气泡法。其中最大气泡法操作较方便，应用较多。

最大气泡法测定溶液表面张力：被测液体装于测定管中，使玻璃管下端毛细管端面与液面相切，液面沿毛细管上升。打开分液漏斗的活塞，使水缓慢下滴而减少系统压力，使毛细管内液面受到一比试管中液面上大的压力，当此压力差在毛细管端面上产生的作用力大于毛细管口液体的表面张力时，气泡就从毛细管口逸出，这一最大压力差可由压力计读出。其关系式为

$$p_{\max}=p_{大气}-p_{系统}=\Delta p, \tag{2-1}$$

如果毛细管半径为 r，气泡由毛细管口逸出时受到向下的总压力为 $\pi r^2 p_{\max}$。气泡在毛细管受到的表面张力引起的作用力为 $2\pi r\sigma$。刚发生气泡自毛细管逸出时，两力相等，即：

$$\pi r^2 p_{\max}=\pi r^2\Delta p=2\pi r\sigma \tag{2-2}$$

$$2\sigma=r\Delta p,\sigma=r\Delta p/2 \tag{2-3}$$

若用同一根毛细管，则对两种具有表面张力为 σ_1 和 σ_2 的液体而言，具有下列关系：

$$\sigma_1=\sigma_2\Delta p_1/\Delta p_2=K\Delta p_1 \tag{2-4}$$

式中 K 为仪器常数，通过手册查出实验温度时水的表面张力，利用公式 2-4，求出仪器常数 K。

待测样品表面张力的测定，用待测溶液洗净试管和毛细管，加入适量样品于试管中，按照仪器常数测定的方法，测定已知浓度的待测样品的压力差 Δp，代入公式 2-4 计算其表面张力。最大气泡法测定溶液表面张力的装置如图 2-3 所示。

六、表面活性剂起泡性能测试

罗氏泡沫仪是用溶液降落法测定肥皂、合成洗衣粉、洗衣皂粉、洗发水、洗发露、香波、洗洁精、洗手液等由表面活性剂复配的洗涤剂的泡沫活动数值的仪器。罗式泡沫仪如图 2-4 所示。溶液自一定垂直位置的滴液管(或长颈滴液漏斗)中向下滴落至在刻度管中心发生泡沫活动，测量其高度，测定其泡沫活动数值。

① 打开恒温箱，设定温度为 40 ℃，使管夹套水浴的温度稳定在 40 ℃±0.5 ℃；

② 用蒸馏水冲洗刻度管内壁，冲洗必须完全，然后，用试液冲洗管壁；

③ 关闭刻度管活塞，用滴液管沿内壁缓慢注入预热至 40 ℃的 50 mL 试液至刻度管 50 mL 刻度处，注入时液面不可形成泡沫；

④ 将滴液管注满预热至 40 ℃的 200 mL 试液；

⑤ 将滴液管安置到事先预备好的管架上并和刻度管的断面成垂直状，使溶液流到刻度管的中心；

⑥ 打开滴液管的活塞，使溶液流下。当滴液管中的溶液流完时，立即开动秒表，并测定泡沫高度，然后经过 5 分钟，10 分钟，15 分钟再记录高度，泡沫数值以泡沫高度表示；

⑦ 重复以上试验 2～3 次，每次试验之前必须将器壁洗净以免影响数据。

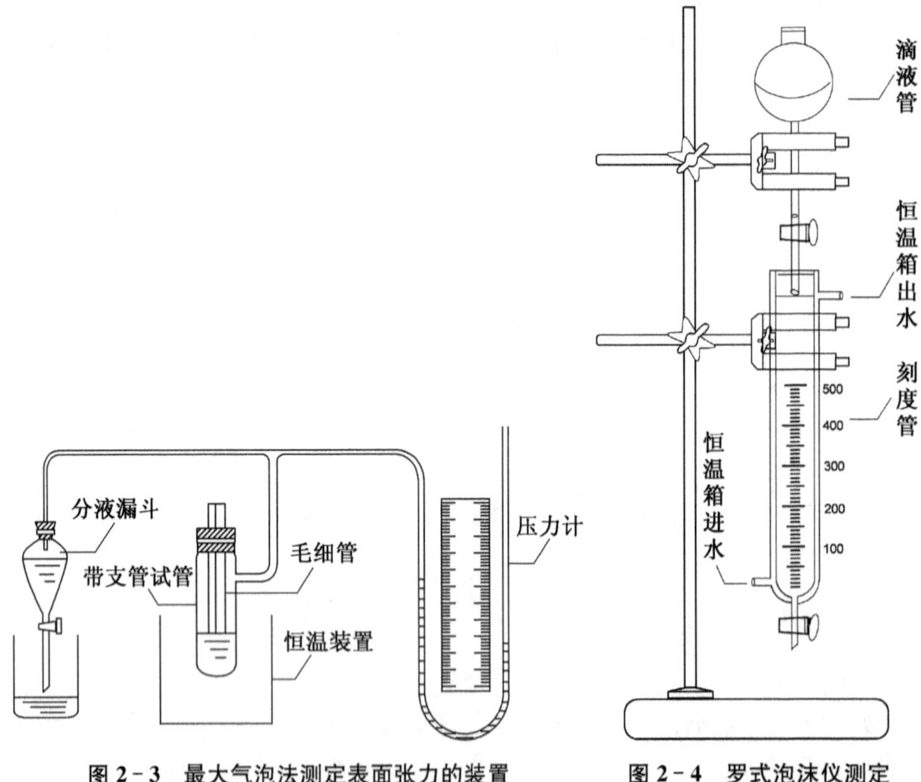

图 2-3 最大气泡法测定表面张力的装置

图 2-4 罗式泡沫仪测定香波的起泡性能

第二节　有机化合物的测定方法

一、核磁共振波谱法

由于自旋运动而具有磁矩 μ 的原子核，将其置于外界磁场 H_0 中，当此原子核受到一个与 H_0 相垂直的振荡磁场 H_1 时，如果 H_1 的振荡频率 ν 能满足公式：$\nu=\gamma H_0/2\pi$，就发生原子核的自旋跃迁，并引起交变磁场电磁能的吸收。这种现象称为核磁共振（nuclear magnetic resonance，简称 NMR）。公式中的 γ 称为磁旋比（magnetogyric ratio），它是一个常数。除了偶数质子和偶数中子组成的原子核以外，其他原子核的自旋量子数 I 和磁矩 μ 都不是零值。当将原子核置于均匀的外界磁场 H_0 中，它们应当占有 $(2I+1)$ 取向中的任一取向，这些取向所对应的能量是由核磁矩 μ 和外界磁场 H_0 的大小决定的。例如：对于质子（^1H），其自旋量子数 $I=1/2$，在外界磁场作用下只能有两种取向。由于这两种取向对应着两种能态（$-\mu H_0$ 和 $+\mu H_0$），在两种能态之间有可能发生跃迁，即由于公式 $h\nu=2\mu H_0=\gamma H_0/2\pi$ 中 $h\nu$ 能量子的吸收或放出，原子核便从一种取向改变为另一种取向，原子核从低能态向高能态跃迁则引起核磁共振。

由于质子周围存在旋转电子，对核形成了磁屏蔽，而所处环境的不同，质子的共振频率也会有极微小的差别。也就是说，有机化合物受到磁场影响时，由于核外电子的旋转运动产生了一个与外界磁场方向相反的电子自身的磁场，故呈现出逆磁效应。这种屏蔽效应与外界磁场相比，虽然十分微小，却表示了与核外电子密度等因素有关的某种特征分布，因此，研究核磁共振 NMR 将能得到有关分子结构的信息。

1. 核磁共振波谱测试方法

目前，传统的连续波谱图只能用于 50 毫克以上样品的 ^1H 核磁共振谱，但当样品量比较小，或需要精确和分辨率较好的谱图，以及需要所有 ^{13}C 谱，则要测它的傅立叶变换谱图。对于常规的 ^{13}C 谱所需要的样品量为 50～100 毫克，而对于 FT ^1H 谱只需要 1～10 毫克，然而如果用大的脉冲，只用 1 毫克的样品就可以得到高质量 ^{13}C 谱，用 0.1 毫克以下的样品就可以得到 ^1H 谱。假如分子量只有几百的话，样品溶解在一个溶剂中，这个溶剂最好没有核磁共振信号，常用的溶剂有四氯化碳（CCl_4）、氘代氯仿（$DCCl_3$）、氘代苯 C_6D_6）、氘代二甲亚砜(d6 - DMSO)和重水(D_2O)等氘代溶剂。氘代溶剂的选择是由化合物的溶解度决定的,也可以使用混合氘代溶剂。样品的氘代溶液被装在一个精密模式的玻璃管内(大多数核磁管的内径为 5 mm),装料的高度是 2～3 cm,待测的溶液必须没有顺磁和不溶性的杂质,而且黏度要小,否则分辨率会受影响。

2. 核磁共振波谱化学位移

NMR 图谱中两个窄的共振谱峰位置之差称为化学位移之差,由于所有的共振位置都是相对的,因此,所谓化学位移只是测定它们与标准物质相距的共振位置。化学位移和外界磁场 H_0 成正比。如将共振谱峰的吸收强度用积分强度表示,因为积分强度与质子数成正比,因此,除了能给出化学位移值外,还能确定含有的质子数。质子的化学位移值在各原子核中是最小的,由于^{12}C 和^{16}O 没有磁矩,故核磁共振波谱法在有机化学中的应用首先是利用容易测定的质子(^1H)化学位移。但是,随着最近核磁共振仪器的发展,使^{13}C 核的 NMR 测定大为简便,如图 2 - 5。因此,正在同时使用^{13}C - NMR 法和^1H - NMR 法。这种能以很好的分辨率测定出极微小差别的化学位移并能得到有机化合物分子结构知识的方法就称为高分辨核磁共振波谱法。

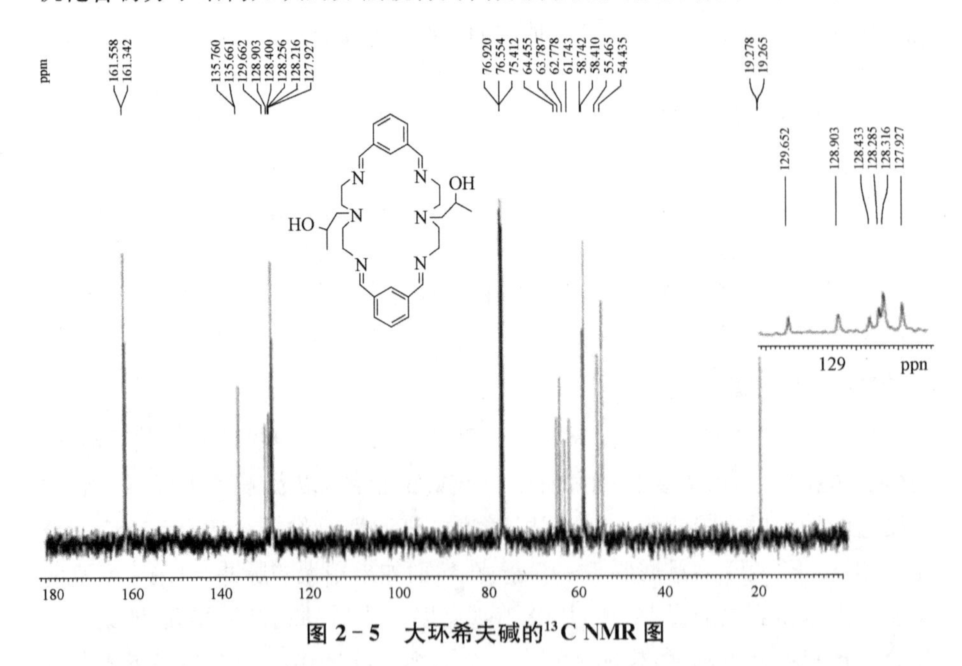

图 2 - 5　大环希夫碱的^{13}C NMR 图

一些常见基团 H 的化学位移值如表 2 - 3 所示,C 的化学位移值如表

2-4 所示。

表 2-3　一些常见基团 H 谱的化学位移

质子类型	δ(ppm)	质子类型	δ(ppm)
TMS[$(C\mathbf{H}_3)_3Si$]	0	苄基 Ar—C—**H**	2.2～3
环烷烃	0～1	F—C—**H**	4.4～4.45
$RC\mathbf{H}_3$	0.9	Cl—C—**H**	3.1～4
$R_2C\mathbf{H}_2$	1.3	$(Cl)_2$—C—**H**	5.8
$R_3C\mathbf{H}$	1.5	Br—C—**H**	2.7～4
C═C—**H**	4.5～6	I—C—**H**	2.4
烯丙型—C═C—$C\mathbf{H}_3$	1.7	醇 HO—C—**H**	3.4～4
—C≡C**H**	2～3	醚 R—O—C—**H**	3.3～4
—C≡C—$C\mathbf{H}_3$	1.8	过氧键—O—O—C—**H**	5.3
Ar—**H**	6～8.5	羧酸酯 R—COO—C—**H**	3.7～4.1
甲酸酯 R—O—CO—C—**H**	2～2.6	甲酸 HO—CO—C—**H**	2～2.6
羧酸 R—COO—**H**	10.5～12	酮 R—CO—C—**H**	2～2.5
醛 R—CO—**H**	9～10	酰胺 R—CO—N**H**	5～8
醇 R—O—**H**	4.5～9	酚 Ar—O—**H**	4～8
胺 R—N—$\mathbf{H}_2$	1～5	O_2N—C—**H**	4.2～4.6

表 2-4　一些常见基团 C 谱的化学位移(ppm)

质子类型	δ(ppm)	质子类型	δ(ppm)
烷烃		卤代物	
甲基(RCH_3)	0～10	C—F	
亚甲基(RCH_2R')	15～55	C—Cl	
次甲基(RCH(R′)(R″))	25～55	C—Br	
季甲基(RC(R′)(R″)(R‴))	30～40	C—I	70～80
脂肪烯烃	100～150	酮、醛	
芳香族	120～160	羧酸衍生物	185～220
炔	70～90	羧酸	150～185
腈	110～125	酯	155～180
醇、醚	50～90	氨基化合物	150～180
胺	40～60	氨基甲酸盐	150～160

3. 核磁共振波谱解析要点

对于^{13}C－NMR

（1）根据峰的个数确定碳原子数，环境相同的碳原子只有一个峰。

（2）从偏共振去偶图谱中确定与碳原子相连的氢原子数。

$^{13}C-^{1}H$ 自旋耦合对图谱解析是有用的。从偏共振去偶法测得的^{13}C－NMR 图谱中的分裂峰数与碳原子直接相连的氢原子数有关。饱和碳原子将有下列分裂峰数：

$—CH_3$ 四重峰　　$>CH_2$ 三重峰

$—CH<$ 二重峰　　$—C<$ 单重峰

（3）根据化学位移归属饱和碳原子、不饱和碳原子以及羰基化合物（C═N、C═O）。

（4）确定甲基类型、确定芳香烃或烯烃取代基个数与类型。

对于^{1}H－NMR

（1）从积分曲线计算并分配全部质子数。

（2）由化学位移识别羧酸、醛、芳香族、烯烃、烷烃的质子，判断与杂原子、不饱和键相连的甲基、亚甲基和次甲基。

（3）从自旋耦合常数推断与其相邻的取代基。

二、红外光谱法

红外光谱被普遍认为是化合物较为特征的性质之一，波长范围从 0.75 μm～200 μm 称红外区，在此波长以下者称可见区，以上者称微波区。通常所说红外区主要指 2.5 μm 和 40～50 μm 之间的范围；红外线的波长多以波数表示，波数是波长（cm 为单位）的倒数，单位是 cm^{-1}。例如 2.5～25 μm 范围即相当于 4 000～400 cm^{-1}。当某一样品受到一束频率连续变化的红外线辐射时，分子将吸收某些频率作为能量消耗于各种化学键的伸缩振动或弯曲振动。此时透射的光线在吸收区自然将有所减弱，如果以透射的红外线强度对波数（或波长）作图，那么将记录一条表示各个吸收带位置的吸收曲线，即为红外光谱，如图 2－6。

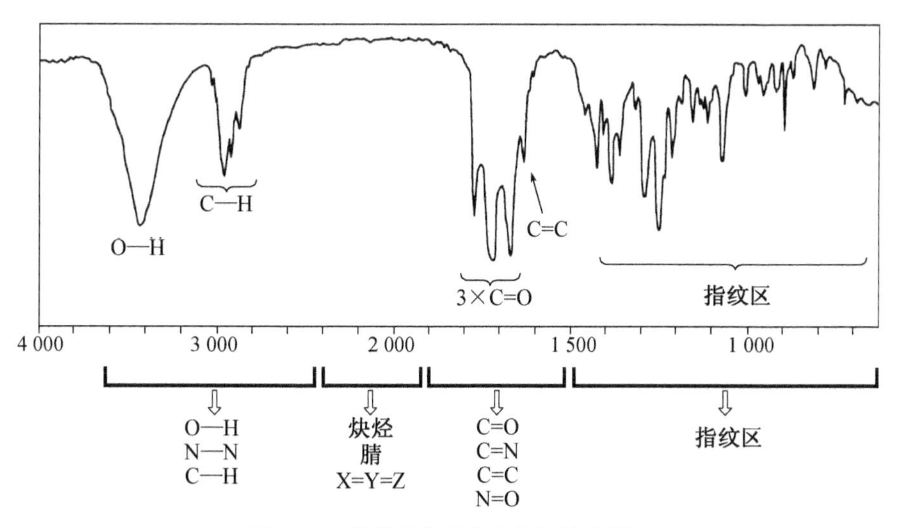

图 2-6　典型的有机化合物红外光谱图

1. 红外光谱的测定方法

一般来说，待测试的样品要相当纯，否则，红外光谱图非常复杂，无法识别。测试的样品可以是气体、纯液体、溶液和固体。

在气相中：蒸气被引入一个特殊的样品池，样品池通常大约有 10 cm 长，可以直接放置在两束红外光之一的光程中，样品池的端壁通常由氯化钠组成，因为它对于红外是透明的，大多数有机化合物的蒸气压非常低，因此气相的红外光谱用途并不大。

液体的形式：一滴液体夹在氯化钠平板之间（氯化钠在 4 000 到 625 cm^{-1} 之间是透明的），这是所有方法中最简单的。

在溶液中：化合物通常被溶解在四氯化碳或者不含醇的氯仿中，后者具有更好的溶解性，形成 1%～5% 的溶液，将该溶液引入一个由氯化钠制成的 0.1～1 mm 厚的特殊样品池中另外一个相同的样品池中加入参比溶剂，放在光谱仪的另一束光程中，这样溶剂的吸收峰被抵消。如果要用水作为溶剂，那么需要用特殊的氟化钙样品池。

在固相中：固体与 10～100 倍纯的溴化钾混合在玛瑙研钵中磨成超细混合物，然后用一个特殊的压片机，根据压片的操作步骤压成透明的薄片，小心取下薄片直接装到样品支撑架中。测试所用的溴化钾应预先干燥，微量的水会干扰化合物的正常红外吸收光谱。

2. 红外光谱的官能团的特征吸收峰

分子通常有大量的键，每个键都可能有几种红外振动模式，如伸缩振动、弯曲振动，因此产生许多相互重叠交盖的吸收带，导致红外光谱非常复杂，但每一种化合物的光谱都是独一无二的，这使得红外光谱对鉴别非常有用，通常与真实样品的光谱图直接对比化合物特征吸收峰（指纹区域）。很少有物质在红外波段是透明的。一些原子团（红外发色基团）很容易从红外光谱中识别出来。表 2－5 为一些常见基团的特征波数。

表 2－5　一些常见基团的特征波数

基团	波数/cm^{-1}	强度
A. 烷基		
C—H（伸缩）	2 853～2 962	(m—s)
—$CH(CH_3)_2$	1 380～1 385 及 1 365～1 370	(s) (s)
—$C(CH_3)_3$	1 385～1 395 及～1 365	(m) (s)
B. 烯烃基		
C—H（伸缩）	3 010～3 095	(m)
C═C（伸缩）	1 620～1 680	(v)
R—CH═CH_2	985～1 000 及 905～920	(s)
R_2C═CH_2	880～900	(s)
RCH ═ CHR′（Z 型）	675～730	(s)
RCH ═ CHR′（E 型）	960～975	(s)
C. 炔烃基		
≡C—H（伸缩）	～3 300	(s)
C≡C（伸缩）	2 100～2 260	(v)
D. 芳烃基		
Ar—H（伸缩） 芳环取代类型 （C—H 面外弯曲）	～3 030	(v)
一取代	690～710 及 730～770	(v,s) (v,s)
邻二取代	735～770	(s)
间二取代	680～725 及 750～810	(s) (s)
对二取代	790～840	(s)
E. 醇酚和羧酸		
—OH（醇、酚）	3 200～3 600	(br,s)
—OH（羧酸）	2 500～3 600	(br,s)
F. 醛酮、酯和羧酸		
C═O（伸缩）	1 690～1 750	(s)
G. 胺		
N—H（伸缩）	3 300～3 500	(m)
H. 腈		
C≡N	2 200～2 600	(m)

备注：峰强度说明，br，s＝宽单峰，s＝强，m＝中等，v＝不定，～为约等于。

为了便于记忆，编制的基团与红外光谱波数的顺口溜如表 2－6。

表 2-6 基团与红外光谱波数的顺口溜

基团	波数/cm^{-1}
概述	红外可分远中近，中红外特征指纹区， 1300 来分界，注意横轴划分异。 看图要知红外仪，弄清物态液固气。 样品来源制样法，物化性能多联系。
饱和烃	识图先学饱和烃，3000 以下看峰形。 2960、2870 是甲基，2930、2850 亚甲峰。 1470 碳氢弯，1380 甲基显。 二个甲基同一碳，1380 分二半。 面内摇摆 720，长链亚甲亦可辨。
烯烃	烯氢伸缩过 3000，排除倍频和卤烷。 末端烯烃此峰强，只有一氢不明显。 烯烃 C═C 伸缩带，1650 会出现。 烯氢面外易变形，1000 以下有强峰。 910 端基氢，再有一氢 990。 顺式二氢 690，反式移至 970； 单氢出峰 820，干扰顺式难确定。
炔烃	炔氢伸缩 3300，峰强很大峰形尖。 三键伸缩 2200，炔氢摇摆 680。
芳烃	芳烃出峰很特征，1600～1430。 1650～2000，取代方式区分明。 900～650，面外弯曲定芳氢。 五氢吸收有两峰，700 和 750； 四氢只有 750，二氢相邻 830； 间二取代出三峰，700、780，880 处孤立氢
醇酚醚	醇酚羟基易缔合，3300 处有强峰。 C—O 伸缩吸收大，伯仲叔醇位不同。 1050 伯醇显，1100 乃是仲， 1150 叔醇在，1230 才是酚。 1110 醚链伸，注意排除脂酸醇。 若与 π 键紧相连，二个吸收要看准， 1050 对称峰，1250 反对称。 苯环若有甲氧基，碳氢伸缩 2820。 次甲基二氧连苯环，930 处有强峰， 环氧乙烷有三峰，1260 环振动，900 上下反对称，800 左右最特征。 缩醛酮，特殊醚，1110 非缩酮。 酸酐也有 C—O 键，开链环酐有区别， 开链强宽 1100，环酐移至 1250。
醛酮	羰基伸缩 1700，2720 定醛基。 吸电效应波数高，共轭则向低频移。 张力促使振动快，环外双键可类比。
羧酸酸酐酯	2500 到 3300，羧酸氢键峰形宽， 920，钝峰显，羧基可定二聚酸、 酸酐 1800 来偶合，双峰 60 严相隔， 链状酸酐高频强，环状酸酐高频弱。 羧酸盐，偶合生，羰基伸缩出双峰， 1600 反对称，1400 对称峰。 1740 酯羰基，何酸可看碳氧展。 1180 甲酸酯，1190 是丙酸， 1220 乙酸酯，1250 芳香酸。 1600 兔耳峰，常为邻苯二甲酸。
胺酰胺胺盐	N—H 伸缩 3400，每氢一峰很分明。 C═O 伸缩酰胺Ⅰ，1660 有强峰， N—H 变形酰胺Ⅱ，1600 分伯仲。 伯胺频高易重叠，仲酰固态 1550； C—N 伸缩酰胺Ⅲ，1400 强峰显。 胺尖常有干扰见，N—H 伸缩 3300， 叔胺无峰仲胺单，伯胺双峰小而尖。 1600 碳氢弯，芳香仲胺 1500 偏。 800 左右面内摇，确定最好变成盐。 伸缩弯曲互靠近，伯胺盐 3000 强峰宽， 仲胺盐、叔胺盐，2700 上下可分辨， 亚胺盐，更可怜，2000 左右才可见。
硝化物	硝基伸缩吸收大，相连基团可弄清。 1350、1500，分为对称反对称。
氨基酸	氨基酸，成内盐，3100～2100 峰形宽。 1600、1400 酸根伸，1630、1510 碳氢弯，盐酸盐，羧基显，钠盐蛋白 3300。
矿物盐	矿物组成杂而乱，振动光谱远红端。 钝盐类，较简单，吸收峰，少而宽。 注意羟基、水和铵，先记几种普通盐。
无机酸	1100 是硫酸根，1380 硝酸盐， 1450 碳酸根，1000 左右看磷酸。 硅酸盐，一峰宽，1000 真壮观。

当用红外光谱鉴定官能团时，我们考虑将红外光谱分为以下区域：

· 从 4 000 到 2 900 cm^{-1}：C—H、O—H 和 N—H 的伸缩振动。可以确定含氧、含氮官能团。

· 从 2 500 到 2 000 cm^{-1}：三键拉伸和累积双键伸缩振动。如炔和腈类的 IR 特征吸收峰。

· 从 2 000 到 1 500 cm^{-1}：C═O、C═N 和 C═C 等双键的伸缩振动。

· 从 1 500 到 600 cm^{-1}："指纹区"（C—H、C—O、C—N 和 C—C 的弯曲振动等）。利用烯烃的指纹区可以识别烯烃的取代基个数及顺反结构，苯环的指纹区能识别苯环取代基个数以及位置关系，C—O 的指纹区可以识别伯醇、仲醇、叔醇和酚。

3. 红外光谱的应用案例

长链烷基咪唑啉是用脂肪酸和羟乙基乙二胺发生缩合反应，脱去两分子水所形成的产物，它是合成低毒、低刺激和高效能两性表面活性剂的关键中间体。实验证明，缩合反应开始时首先形成是烷基酰胺，酰胺的红外特征吸收峰为 1 638 cm^{-1}和 1 560 cm^{-1}。当有烷基咪唑啉生成后，烷基酰胺的两个峰之间会多出一个 1 600 cm^{-1}的吸收峰，反应完成后，酰胺完全转化为咪唑啉，样品的红外吸收峰只剩下 1 600 cm^{-1}，烷基酰胺的两个特征吸收峰消失，如图 2-7。烷基咪唑啉的红外光谱在 1 600 cm^{-1}的特征吸收峰为 C═N 双键伸缩

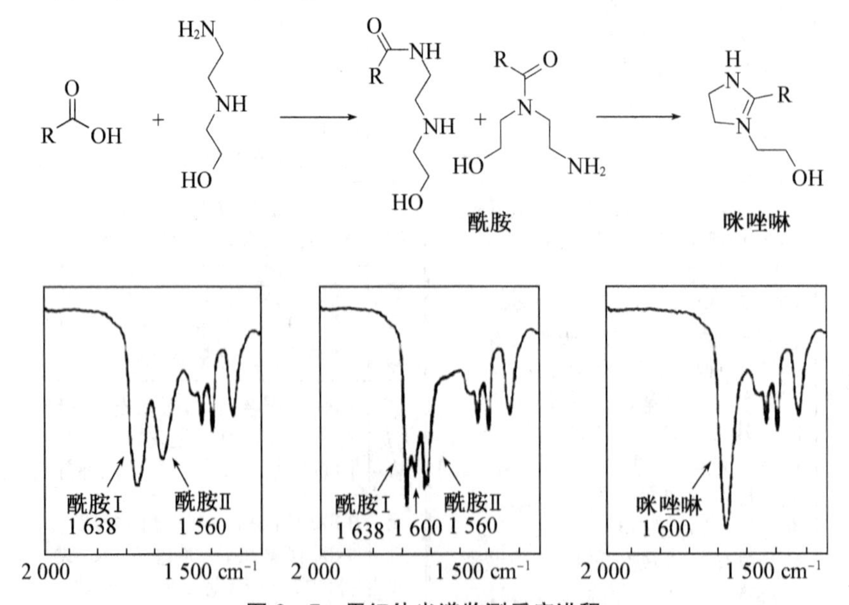

图 2-7　用红外光谱监测反应进程

振动，利用此峰可以定性地检测出烷基咪唑啉的生成。烷基咪唑啉的红外光谱表明，在 1 600 cm^{-1}的特征吸收峰有很好的等光点，且吸光度与浓度存在线性关系，利用这个性质可以定量地分析烷基咪唑啉的含量。

三、质谱分析法

由于高分辨质谱仪、气相色谱-质谱联用仪和液相色谱-质谱联用仪或化学电离(CI)法等的发展，很快扩大了质谱分析法的用途。质谱分析法(Mass Spectrometry, MS)是在高真空系统中测定样品的分子离子及碎片离子质量，以确定样品相对分子质量及分子结构的方法。质谱具有最简单形式的三种基本功能：气化挥发度范围变化很广的化合物；使气态分子变为离子；根据质荷比(m/ze)将它分开，并按质荷比大小依次排列而被记录下来的谱图称为质谱。由于单电荷离子产生的比例要比多电荷离子大得多，z 通常取 1，e 为常数(一个电子的电荷)，因而，m/z 就表征了离子的质量，使质谱成为产生并称量离子的装置。质谱是分子质量精确测定与化合物结构分析的重要工具。1912 年开始应用第一台质谱仪。20 世纪 40 年代，出现高分辨率质谱仪，20 世纪 60 年代末，出现色谱—质谱联用仪。

质谱产生离子的方法有电子轰击(EI)、化学电离(CI)、快原子轰击(FAB)、电喷雾电离(ESI)。样品分子失去一个电子而形成的离子，称为分子离子，所产生峰称为分子离子峰，或称母峰，一般用符号表示：M^+ 或 $M^{+\cdot}$。电子轰击(EI)离子化法是在电离室里，气态的样品分子受到高速电子的轰击后，该分子失去电子成为正离子，为有机化合物电离的常规方法；有些化合物(如甲烷等)稳定性差，用 EI 法不易得到分子离子，因而也就得不到分子量，为了得到分子量可采用化学电离(CI)法，可得到丰度较高的分子离子或准分子离子峰。化学离子源(Chemical Ionization，CI)是离子室内的反应气经电子轰击产生离子，再与试样碰撞，产生准分子离子。

质谱图的横坐标为质荷比(m/z)，纵坐标为相对强度(%)。最强的峰称为基峰，设定其强度为 100%，峰的强度与该离子出现的概率有关，丰度最高的阳离子是最稳定的阳离子。质谱图可提供的信息：(1) 样品元素组成；(2) 物质的相对分子质量；(3) 物质的结构信息——结构不同分子的碎片不同(m/z 不同)；(4) 复杂混合物的定性定量分析——与色谱方法联用；(5) 样品中原子的同位素比。大多数阳离子带一个正电荷，故其峰的 m/z 为阳离子的质量，若母体离子不发生裂解，则 m/z 值最大的是母体分子的分子量。

有机化合物中原子的价电子一般可以形成 σ 键、π 键，还可以是孤对电子

n，这些类型的电子在电子流的撞击下失去的难易程度不同，通常含杂原子的有机分子，其杂原子的孤对电子最易失去，其次是 π 键，再次是 C—C 相连的 σ 键，最后是 C—H 相连的 σ 键。分子离子峰的强度与结构的关系：(1) 碳链越长，分子离子峰越弱；(2) 存在支链有利于分子离子裂解，故分子离子峰很弱；(3) 饱和醇类及胺类化合物的分子离子弱；(4) 有共振系统的分子离子稳定，分子离子峰强；(5) 环状分子一般有较强的分子离子峰。

识别分子离子峰的方法：(1) 注意 m/z 值的奇偶规律，只有 C、H、O 组成的有机化合物，其分子离子峰的 m/z 一定是偶数；在含 N 的有机化合物(N 的化合价为奇数)中，N 原子个数为奇数时，其分子离子峰 m/z 一定是奇数，N 原子个数为偶数时，则分子离子峰 m/z 一定是偶数；(2) 利用某些元素的同位素峰的特点(在自然界中的含量)确定含有这些原子的分子离子峰；(3) 注意该峰与其他碎片离子峰之间的质量差是否有意义，通常在分子离子峰的左侧 3～14 个质量单位处，不应有其他碎片离子峰出现，如有其他峰出现，则该峰不是分子离子峰。因为不可能从分子离子上失去相当于 3～14 个质量单位的结构碎片。碎片离子是由于分子离子进一步裂解产生的。生成的碎片离子可能再次裂解，生成质量更小的碎片离子，另外在裂解的同时也可能发生重排，所以，在化合物的质谱图中，常看到许多碎片离子峰。碎片离子的形成与分子结构有着密切的关系，一般可根据反应中形成的几种主要碎片离子，推测原来化合物的结构。在一般有机化合物分子鉴定时，可以通过同位素的统计分布来确定其元素组成，如 Cl 原子的两种同位素 ^{35}Cl(M 表示分子量)和 ^{37}Cl(M+2)，在 CH_3Cl、C_2H_5Cl 等分子中 Cl 原子两种同位素的丰度比 $^{35}Cl/^{37}Cl=3.1$，即在质谱图中若(M+2)峰的相对强度是 M 峰的三倍，则推测分子中可能有一个 Cl 原子；而在含有 Br 原子的化合物中两种同位素的丰度比 $^{79}Br/^{81}Br=1.0$，即在质谱图中若(M+2)峰的相对强度几乎与 M 峰的相等，则推测分子中可能有一个 Br 原子。

解析未知物的质谱图可按下述步骤进行：

第一步对分子离子区进行解析(推断分子式)

(1) 确认分子离子峰，并注意分子离子峰对基峰的相对强度比；

(2) 注意是偶数还是奇数，如果为奇数，而元素分析又证明含有 N 原子时，则分子中一定含有奇数个 N 原子；

(3) 注意同位素峰中 M+1/M 及 M+2/M 数值的大小，据此可以判断分子中是否含有 S、Cl、Br，并可初步推断分子式；

(4) 根据高分辨质谱测得的分子离子的 m/z 值，推定分子式。

第二步对碎片离子区的解析（推断碎片结构）

（1）找出主要碎片离子峰。并根据碎片离子的质荷比，确定碎片离子的组成。通常失去的碎片离子的 $m/z=29$、43、57、71 等，则说明失去的为 C_2H_5、C_3H_7、C_4H_9、C_5H_{11} 等烷基，当失去的碎片离子的 $m/z=39$、52、65、77 等，则说明失去的为 C_3H_3、C_4H_4、C_5H_5、C_6H_5 等芳香烃基碎片，常见失去的碎片离子及可能存在的结构如表 2－7。

表 2－7　常见失去的碎片离子及可能存在的结构

离子	失去的碎片	可能存在的结构
M－1	H	醛，某些醚及胺
M－15	CH_3	甲基
M－16	O	Ar—NO_2，$\geqslant N^+—O^-$，亚砜
	NH_2	$ArSO_2NH_2$，—$CONH_2$
M－17	OH	醇
	NH_3	胺
M－18	H_2O	醇、醛、酮、糖类
M－19	F	氟化物
M－20	HF	
M－26	C_2H_2	芳香碳氢化合物
M－27	HCN	芳香腈类，含氮杂环
M－28	CO	醌
	C_2H_4	芳基乙基醚，乙酯，正丙酮
M－29	CHO	醛类，乙基酮
	C_2H_5	Ar—正—C_3H_7
M－30	CH_2O	芳香甲醚
	CH_2NH_2	伯胺
	NO	Ar—NO_2
M－31	OCH_3	甲酯

离子	失去的碎片	可能存在的结构
M－32	CH_3OH	甲酯
	S	—
M－33	H_2O+CH_3	—
M－33	HS	硫醇
M－34	H_2S	
M－35	Cl	氯化物
M－36	HCl	
M－41	C_3H_5	丙酯
M－42	CH_2CO	甲基酮，芳香乙酸酯，$ArNHCOCH_3$
	C_3H_6	正或异丁酮，芳香丙醚，Ar—正—C_4H_9
M－43	C_3H_7	丙基酮 Ar—正—C_3H_7
	CH_3CO	甲基酮
M－44	CO_2	酯（骨架重排）；酸酐
M－45	OC_2H_5	乙酯
	COOH	羧酸
M－46	C_2H_5OH	乙酯
M－46	NO_2	Ar—NO_2
M－48	SO	芳香亚砜
M－56	C_4H_8	Ar—正—C_5H_{11}，ArO—正—C_4H_9 Ar—异—C_5H_{11}，ArO—异—C_4H_9，戊基酮

续 表

离子	失去的碎片	可能存在的结构	离子	失去的碎片	可能存在的结构
M－57	C_4H_9	丁基酮	M－60	CH_3COOH	乙酸酯
	C_2H_5CO	乙基酮	M－91	$C_6H_5CH_2$	苄基
M－58	C_4H_{10}	—	M－105	C_6H_5CO	苯甲酰基

第三步推测出结构式

根据以上分析，列出可能存在的结构单元及剩余碎片，根据可能的方式进行连接，组成可能的结构式。

［例］ 氢溴酸替格列汀的质谱图，如图 2－8 所示。

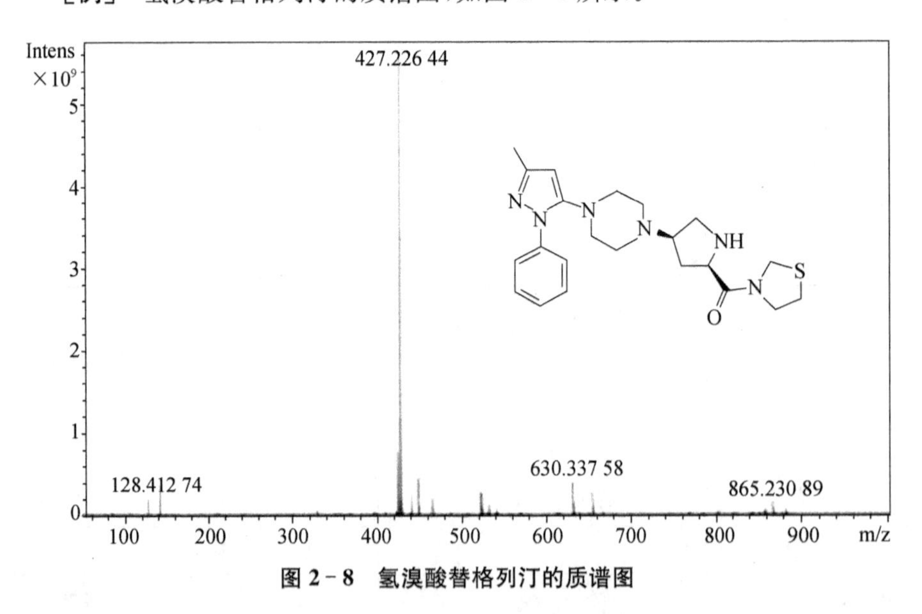

图 2－8 氢溴酸替格列汀的质谱图

按照替格列汀分子式 $C_{22}H_{30}N_6OS$ 计算精确的分子量为 426.220 2，按照 M+H 计算精确分子量为 427.228 0，而在质谱图上发现 $m/z=427.226\ 4$，也就是$[M+H]^+$峰，与计算值相吻合。

第三节 绿色合成技术

化学作为一门“核心、实用、创造性”的科学，从其诞生至今，已经取得了巨大的成就，化学的原理和方法以及化学反应方面的研究目前仍在主导其他学科,化学在开发天然资源以满足人类的生活需要方面做出了巨大的贡献,人类的衣、食、住、行、用以及保持健康等无一项可以离开化学,化学在这些领域中直接或间接地发挥着不可替代的作用,但是,随着人类社会的发展,整个人类社会正面临着包括全球气候变暖、臭氧层破坏、光化学迷雾和大气污染、酸雨、生物多样性锐减、森林破坏、土地荒漠化的环境问题,包括能源问题、土地问题、矿产问题和生物资源的资源问题,以及健康问题和可持续发展问题等严峻的挑战。

绿色化学是利用化学原理和方法来减少或消除对人类健康、社区安全、生态环境有害的反应原料、催化、溶剂和试剂、产物、副产物的新兴学科,是一门从源头上、从根本上减少或消除污染的化学。又称环境无害化学(Environmentally Benign Chemistry)、环境友好化学(Environmentally Friendly Chemistry)或清洁化学(Clean Chemistry)。

一、绿色化学十二条原则

绿色化学十二条原则如下:

(1) 防止污染的产生优于治理产生的污染(Prevention);

(2) 最有效地设计化学反应和过程,最大限度地提高原子经济性(Atom Economy);

(3) 尽可能使用毒性小化学合成路线(Less Hazardous Chemical Syntheses);

(4) 设计功效卓著而无毒无害的化学品(Design Safer Chemicals);

(5) 尽可能避免使用辅助物质(如溶剂、分离剂等),如需使用应无毒无害(Safer Solvents and Auxiliaries);

(6) 在考虑环境和经济的同时,尽可能使能耗最低(Design for Energy Efficiency);

(7) 技术和经经济上可行时应以可再生资源为原料(Use Renewable Feedstocks);

(8) 尽量避免不必要的衍生化步骤(Reduce Derivatives);

(9) 尽可能使用性能优异的催化剂(Catalysts with Excellent Performance);

(10) 设计功能终结后可降解为无害物质的化学品(Design for Degradation);

(11) 发展实时分析方法,以监控和避免有害物质生成(Real-Time

Analysis for Pollution Prevention)；

(12) 尽可能选用安全的化学物质，最大限度地减少化学事故发生(Inherently Safer Chemistry for Accident Prevention)。

二、设计安全有效化学品一般原则

在设计安全有效的化学品时，一般要考虑两个方面的问题，即物质分子对包括人、动物、水生生物和植物在内的机体的“外部(External)”效应原则和“内部(Internal)”效应原则。

1. “外部”效应原则

“外部”效应原则，主要是指通过分子设计，改善该分子在环境中的分布、人和其他生物机体对它的吸收性质等重要物理化学性质，从而减少它的有害生物效应。通过分子结构设计，从而增大物质降解速率、降低物质的挥发性、减少分子在环境中的残留时间、减小物质在环境中转变为存在有害生物效应物质的可能性等，均是重要的“外部”效应原则的例子。另外，通过分子设计，从而降低或妨碍人、动物和水生生物对物质的吸收也是“外部”效应原则要面对的问题。不同的生命机体对物质吸收的途径不完全相同。对人类而言，吸收物质的途径有皮肤吸收、眼睛吸收、肺吸收、肠胃系统吸收、呼吸系统吸收等。生物聚集(Bioaccumulation)和生物放大(Bio-magnification，即随食物链向上级进展，化学物质在组织中的浓度增大的现象)，也是在进行分子结构设计时必须考虑的“外部”效应因素。“外部”效应原则也要考虑目标物质中可能产生的不纯物的性质，比如，在合成中是否会生成更毒的同系物、几何异构体、构象异构体、立体异构体或结构上不相关的不纯物。“外部”效应原则即是减少接触的可能性，“外部”效应原则如表 2-8。

表 2-8 “外部”效应原则

(一) 与物质在环境中的分布相关的物化性质	4. 转化为具有生物活性(毒性)物质的可能性 5. 转化为无生物活性物质的可能性
1. 挥发性/密度/熔点 2. 水溶性 3. 残留性/生物降解性 (1) 氧化反应性质 (2) 水解反应性质 (3) 光解反应性质 (4) 微生物降解性质	(二) 与机体吸收有关的物理化学性质 1. 挥发性 2. 油溶性 3. 分子大小 4. 降解性质 (1) 水解 (2) pH 值的影响 (3) 对消化酶的敏感性

续　表

(三) 对人、动物和水生生物吸收途径的考虑	(四) 消除或减少不纯物
1. 皮肤吸收/眼睛吸收 2. 肺吸收 3. 肠胃系统吸收 4. 呼吸系统吸收或其他特定生物的吸收途径	1. 是否会产生不同化学类别的不纯物 2. 是否会产生有毒或更毒的同系物 3. 是否会产生有毒或更毒的几何异构体、构象异构体和立体异构体

2. "内部"效应原则

"内部"效应原则通常包括通过分子设计以达到以下目标：增大生物解毒性(Bio-detoxication)，避免物质的直接毒性和间接生物致毒性(Indirect Bio-toxication)或生物活化(Bio-activation)。增大生物解毒性包括把分子设计为本身是亲水性的或很容易与葡萄糖醛酸、硫酸盐或氨基酸结合，从而加速其从泌尿系统等器官中排出。只有把物质分子设计成无毒无害类化合物，或在分子中引入一些无毒功能团，才能避免其直接毒性。"内部"效应原则如表 2-9。

表 2-9　"内部"效应原则——预防毒性

(一) 增大解毒性能	2. 选择功能团
1. 增大排泄的可能性	(1) 避免使用有毒功能团 (2) 让有毒结构在生物化学过程中消去 (3) 对有毒功能团进行结构屏蔽 (4) 改变有毒基团的位置
(1) 选择亲水性化合物 (2) 增大物质分子与葡萄糖醛酸、硫酸盐、氨基酸结合的可能性或使分子易于乙酰化 (3) 其他相关考虑	(三) 避免生物活化
2. 增大可生物降解性	1. 不使用已知生物活化途径的分子
(1) 氧化反应 (2) 还原反应 (3) 水解反应	(1) 强的亲电性或亲核性基团 (2) 不饱和键 (3) 其他分子结构特征
(二) 避免物质的直接毒性	2. 对可生物活化的结构进行结构屏蔽
1. 选择一类无毒的物质	

三、化学反应的原子经济性

1. 定义

原子经济性(Atom Economy)是美国斯坦福大学绿色化学领域的主要创

始人 Barry M. Trost 教授提出的。原子经济性指化学反应中反应物的原子有多少进入了产物。可理解为在化学品合成过程中，合成方法和工艺应被设计成能把反应过程中所有原材料尽可能多地转化到最终产物中。常用原子利用率来衡量化学过程的原子经济性，一个化学反应的反应物中所有原子都进入了目标产物中，则为一个理想的原子经济性的反应，也就是原子利用率为100%的反应。原子利用率计算公式如下：

$$\text{原子利用率}=\frac{\text{目标产物的分子量}}{\text{各反应物的分子量之和}}\times 100\%$$
$$=\frac{\text{目标产物的分子量}}{\text{所有产物的分子量之和}}\times 100\%$$

在合成反应中，要减少废物排放的关键是提高目标产物的选择性和原子利用率。原子利用率可以衡量在一个化学反应中，生产一定量目标产物到底会生成多少废物。

Wittig 反应的原子经济性实例：从原子经济性角度考虑，320(44＋276)份反应物利用率仅有 13%，而且，还产生了 278 份质量的“废物”氧化三苯膦。

$$CH_3CHO+Ph_3\overset{+}{P}-\overset{-}{C}H_2\longrightarrow CH_3CH{=}CH_2+Ph_3P{=}O$$

分子量：　44　　276　　42　　278

$$\text{原子利用率}=\frac{\text{目标产物的分子量}}{\text{各反应物的分子量之和}}\times 100\%$$
$$=\frac{\text{目标产物的分子量}}{\text{所有产物的分子量之和}}\times 100\%$$
$$=\frac{42}{278+42}\times 100\%$$
$$=\frac{42}{44+276}\times 100\%$$
$$=13\%$$

1-溴丙烷消除反应生成丙烯的原子利用率仅为 34%。

$$\underset{\substack{|\\H}}{H_3C-CH}-\underset{\substack{|\\Br}}{CH_2}\xrightarrow{\text{NaOH/乙醇}}H_3C-CH{=}CH_2+HBr$$

分子量：　123　　42　　81

原子利用率仅为 34%

2. 原子经济性反应

由乙烯制备环氧乙烷，采用经典的氯乙醇法，反应分两步进行，先用氯气与水生成的次氯酸与乙烯发生加成生成氯乙醇，再用氢氧化钙脱去氯化氢而得目标产物，合成路线如下：

(1) $CH_2{=}CH_2 + Cl_2 + H_2O \longrightarrow ClCH_2OH_2OH + HCl$

(2) $ClCH_2CH_2OH + Ca(OH)_2 \longrightarrow H_2C{-}CH_2\ (\text{环氧，O桥}) + CaCl_2 + H_2O$

总反应式：$CH_2{=}CH_2 + Cl_2 + Ca(OH)_2 \longrightarrow H_2C{-}CH_2\ (\text{O桥}) + CaCl_2 + H_2O$

分子量：　28　71　74　44　111　18

假定经典氯乙醇法每一步反应的收率、选择性均为100%，这条合成路线的原子利用率也只能达到25%，即得到1 kg目标产物的同时有3 kg废物产生；且反应物Cl_2腐蚀设备和伤害人体健康，需要特殊的设备和防护措施；要得到有用的产品分离和纯化步骤是必须的。如果中间步骤中反应的选择性、反应物的转化率达不到100%，则该过程的原子利用率达不到25%。

为了克服以上不足，采用新的催化氧化方法，在银催化剂存在下、用氧气直接氧化乙烯一步合成环氧乙烷，反应的原子利用率达到了100%。

分子量：$CH_2{=}CH_2 + O_2 \xrightarrow{\text{Ag 催化剂}} H_2C{-}CH_2\ (\text{O桥})$

28　32　44

原子利用率达到100%的反应有两个主要特点：

(1) 最大限度地利用了反应原料，最大限度地节约了资源；

(2) 最大限度地减少了废物排放(零废物排放)，因而最大限度地减少了环境污染，或者说从源头上消除了由化学反应副产物引起的污染。

不饱和烃的加成反应、安息香缩合反应、重排反应、环加成反应、消除反应等均为原子利用率为100%的反应。

从乙烯氧化制备环氧乙烷的两种方法可见，通过重新设计合成路线和制备方法可以提高合成目标产物化学反应的原子利用率，探索既具有选择性又具有原子经济性的合成反应已成为当今合成方法学研究的热点。

3. 绿色合成实例

(1) 碳酸二甲酯的合成

碳酸二甲酯是一种重要的有机化工中间体，由于其分子结构中含有羰基、甲基、甲氧基和羰基甲氧基，因而可广泛用于羰基化、甲基化、甲氧基化和羰基甲基化等有机合成反应，碳酸二甲酯的传统合成方法是采用甲醇与光气为原料进行：

$$2CH_3OH + Cl-\overset{\overset{O}{\|}}{C}-Cl \longrightarrow CH_3O-\overset{\overset{O}{\|}}{C}-OCH_3 + 2HCl$$

光气，又称碳酰氯，剧毒，光气是剧烈窒息性毒气，高浓度吸入可致肺水肿，毒性比氯气约大 10 倍。

绿色合成方法：用一氧化碳与氧气替代光气，在催化剂作用下制备而得。

$$2CH_3OH + CO + \frac{1}{2}O_2 \xrightarrow{\text{催化剂}} CH_3O-\overset{\overset{O}{\|}}{C}-OCH_3 + H_2O$$

（2）亚氨基二乙酸二钠的合成

以氨气、甲醛及氢氰酸为原料生成亚氨基二乙腈，然后在碱性条件下水解得产物。

$$NH_3 + 2H-\overset{\overset{O}{\|}}{C}-H + 2HCN \longrightarrow NCCH_2NHCH_2CN$$

$$NCCH_2NHCH_2CN + 2NaOH \xrightarrow{H_2O} NaOOCCH_2NHCH_2COONa$$

绿色合成方法：以二乙醇胺（diethanolamine）$HOCH_2CH_2NHCH_2CH_2OH$ 为起始原料，在碱性条件下，被铜基氧化剂氧化为亚氨基二乙酸二钠。避免了剧毒物氢氰酸的使用。

$$HOCH_2CH_2NHCH_2CH_2OH \xrightarrow[\text{铜基催化剂}]{NaOH} NaOOCCH_2NHCH_2COONa + 2H_2$$

（3）己二酸和苯二酚的合成

利用苯作为起始原料分别合成己二酸和邻苯二酚、对苯二酚，都会引发环境和健康问题。苯是一种易挥发的有机物（VOC），在室温下容易汽化，长期少量吸入大气中的苯可导致白血病和癌症。此外，苯是由石油生产的产品，消耗的是不可再生的资源。在合成己二酸的过程中，最后一步是利用硝酸氧化环己酮和环己醇，这一反应的副产物 N_2O 的浓度以每年 10% 的水平增长。N_2O 在对流层无沉降，上升进入平流层而破坏臭氧层。

$$\text{苯} \xrightarrow[\text{Ni 或 Pd}]{H_2} \text{环己烷} \xrightarrow[\text{催化剂}]{O_2} \text{环己酮} + \text{环己醇} \xrightarrow[Cu,\ NH_4VO_3]{HNO_3} HOOC(CH_2)_4COOH + N_2O$$

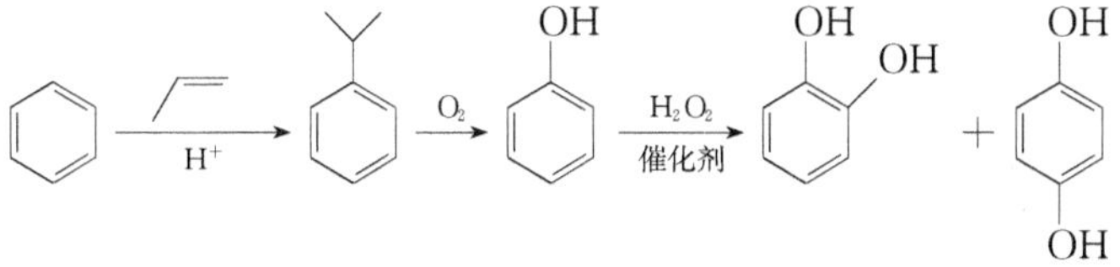

绿色合成方法：密执安州立大学的 J. W. Frost 和 K. M. Draths 利用基因重组技术对大肠杆菌进行修饰，以大肠杆菌中的葡萄糖为原料，改变其新陈代谢途径，使葡萄糖先代谢为邻苯二酚（可作为产品分离出来），再氧化为顺，顺-己二烯二酸，然后在催化剂作用下催化加氢而生成产物己二酸。因此，从葡萄糖出发通过生物合成己二酸和邻苯二酚的合成路线与传统合成方法相比，不但可利用再生资源，而且可以避免有毒的苯及其加工过程中生成的 N_2O 等造成的环境影响和对人体健康的危害。

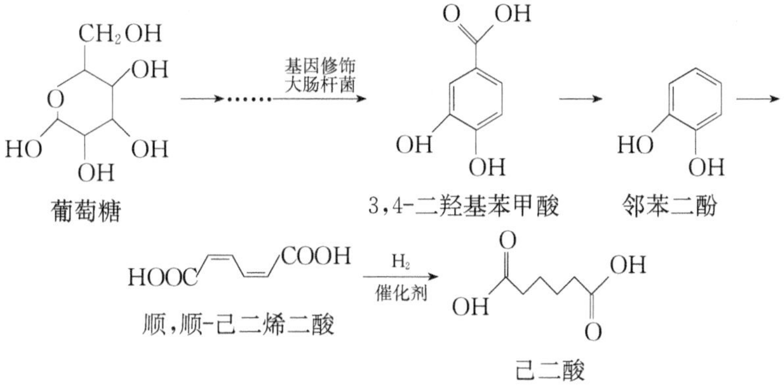

葡萄糖　3,4-二羟基苯甲酸　邻苯二酚

顺，顺-己二烯二酸　己二酸

四、绿色化工

1. 绿水青山就是金山银山

习近平总书记强调："要牢固树立绿水青山就是金山银山的理念"。"绿水青山"与"金山银山"喻指发展经济与保护生态的辩证关系。"绿水青山"是指良好的生态环境与自然资源，"金山银山"是指经济发展成果与物质财富。人们的愿望通常是既要绿水青山，又要金山银山，换言之：既要通过发展经济获得丰厚的物质财富，同时又要最大限度地保护好生态环境。但在处理保护环境与发展经济两者关系上，我们不能以牺牲生态环境为代价去换取一时的经济发展。历史上追逐短期经济效益而破坏生态环境的事例不胜枚举："毁林开荒""围湖造田"等都受到了自然界的惩罚；"先污染后治理"以牺牲生态环境换取一时的经济增长，最终不但没有推动经济的健康持续发展，而且还破坏了生态环境以及浪费了自然资源。恩格斯指出：我们人类不要过分陶醉于对自然界的胜利。用牺牲“绿水青山”的办法换取所谓“金山银山”最终只能付出惨痛的代价，“绿水青山”作为基础可以为创造“金山银山”提供条件，通过发展生态产业，将生态优势直接变成经济优势。在推进新时代中国特色社会主义伟大事业过程中，我们必须牢固树立“绿水青山”就是“金山银山”的理念，像保护眼睛一样保护生态环境，像对待生命一样对待生态环境，推进绿色发展，打好蓝天、碧水和净土保卫战，让美丽多姿的绿水青山为我们带来富饶丰盛的金山银山。

2. 可持续发展

可持续发展是国际社会在经历了长达半个世纪对西方传统工业化发展道路进行反思和探索后，于 20 世纪末形成的发展理念和目标。其核心是摒弃“先污染后治理”、高消耗、高排放、不循环的、不可持续的发展路径，走出一条经济增长与人口、资源、环境相协调的发展道路，不但满足当代人的发展需求，而且兼顾后代人的发展需要。21 世纪以来，可持续发展理念逐步深入人心成为全球共识，实现路径进一步丰富和深化，低碳经济、绿色经济等经济发展模式不断出现。

3. 循环经济

循环经济是实现可持续发展的基本途径，是以资源的高效和循环利用为核心，以减量化、再利用、资源化为原则，以低消耗、低排放、高效率为特征的循环经济发展模式。我国是工业化后进国家，新中国成立 70 年来，特别是改革开放 40 多年来，我国用几十年的时间完成了西方国家两三百年走过的工业化路程，发达国家在两百多年时间里分阶段出现的资源环境问题，在我国却是在一个阶段集中显现出来，呈现出压缩性、复合性、紧迫性的特点。

21 世纪初，我国经济发展速度进一步加快，经济发展和资源环境约束矛盾进一步加剧，转变经济发展方式成为时代发展的迫切要求。经过十几年的推动发展，我国循环经济成效显著，国际影响力不断扩大。“绿色”循环低碳发展理念逐步树立，促进循环经济发展的法规政策体系不断完善，重要行业和领域的循环经济发展模式基本形成，循环型生产方式得以推行，循环型产业体系、再生资源回收利用体系逐渐形成，资源循环利用产业不断壮大，“绿色”消费模式逐步形成。通过十几年的实践，发展循环经济在推动经济发展方式转变、提高资源利用效率、构筑资源战略保障体系、从源头减少污染排放等方面的作用越来越明显。“绿色”高质量发展将成为新时代经济发展的主旋律和必然选择，是推动生态文明建设的基本途径，代表了当今科技和产业变革方向。

第四节　制备量的放大与缩小实验

一、定义

在实际工作中，常常遇到制备量的放大与缩小问题。在实验室制备规模上，大多使用相似放大或缩小方法。一般来说，如果反应条件相似，也就是传热传质等因素相同，反应不会因为反应体积的变化而改变，实际上，反应体积和反应器形状变化了，传热传质等因素会急剧变化，如表 2-10 所示，从而导致放大效应。

表 2-10　大小玻璃烧瓶的物理特征

项目	25 mL 圆底烧瓶	22 L 圆底烧瓶
高，cm	3.6	34.8
从上到底混合速率	能很快混合	不能很快混合
表面积和体积比，cm^2/mL	1.66	0.17
产生热量/反应物质量，J/g	151.5	1 452.9

有关更大制备量的实验，也就是工艺放大，涉及的反应体积在 1 到 5 升之间。通常反应体积超过这个值，则需要使用专业设备进行反应，这显然超出本书的范围，详细见专著。与小量制备相比，转移到放大量制备除了考虑反应传热传质等因素外，还必须考虑其他问题。放大主要考虑的问题是安全，因为所有与反应相关的危险增加。因此，在尝试更大的制备规模之前，有必要在小量制备内测试反应，始终将放大规模限制在≤10 倍。

二、制备量放大考虑的因素

放大时需要考虑的一些主要问题：

(1) 放大会花更长的时间。由于涉及的体积较大，试剂加入、溶剂蒸发、相分离和后处理等过程，所有这些都要比小规模实验花费更长的时间，所以，要确保有足够的时间来完成实验。反应装置的质量和体积将明显增大，所以，要确保它被牢牢地固定住。

(2) 有效的搅拌可能是个问题。通常在放大的设备中机械搅拌是必需的，而磁力搅拌效果很差。在反应容器中有挡板也是有益的，因为这样可以提高搅拌的效果。在反应混合物中浸入像温度计这类简单的东西能够引起严重的湍流，对混合有好处。

（3）通过注射器加料可用于较小数量的制备实验（$<50\ cm^3$），但对于放大量的制备，注射器泵加料更有效，尤其是当缓慢、需要控制加料时。使用恒压滴液漏斗滴加液体料，但不能用于需要控制滴加速率特别好的反应。各种各样的输送泵装置可用于控制更大量的加料。

（4）对于大体积反应器，反应温度的控制变得更加困难，它需要加热或冷却更长的时间。通过简单的加热和冷却浴，不容易控制大圆底烧瓶的内部温度。对于高于或低于环境温度的反应建议使用夹套容器。

（5）放热反应在制备量比较大的实验中特别具有挑战性。在小量制备实验中，反应过程中产生的任何热量通常很快消散，因为反应混合物相对于它的体积而言有比较大的表面积。然而，较大量制备反应的相对表面积要小得多，所以热量不容易散失。任何热量的积累都会导致反应速率加快，这将产生更多的热量，又促使反应速率更快。如果发生这种情况，反应会很快失控。因此，在设计大量制备反应时，必须确保不会出现飞温情况。在放大之前，一定要在小量制备实验内监控反应，测量反应放热行为。对于放热反应，一个常见错误是在开始时把所有试剂一起加入反应瓶中或迅速地将一种反应物加到另一种反应物中，导致反应活性组分的积累。在开始产生热量之前，通常会有一个初始延迟（诱导期）。如果不小心，可能在这一点上加了太多的试剂，它会产生更多的热量，直到它被消耗完为止。在可控条件下进行放热反应，最好的做法是在添加限制性试剂之前使反应混合物达到所需温度。然后以一定的速率添加试剂，以确保反应安全温度。在升高温度下开始放热反应是不合理的，如果反应需要在室温以上进行，最安全的方法是避免添加试剂的积聚。

（6）分离和纯化的某些方面可能更具挑战性。例如，应该为溶剂分离阶段留出相当多的时间。也不太方便用色谱法净化大量物质。

（7）有些问题在更大量的制备上则变得不那么重要了，例如湿敏反应在大量制备反应中更容易进行，因为进入系统痕迹的水占反应混合物的百分比很小。保持大的反应器干燥的一个简便方法是加入反应溶剂之前，先加入一个与水能形成共沸的溶剂，然后蒸馏共沸物除去水。选择的溶剂能与水形成良好的共沸物，如甲苯和氯仿等。在产品分离纯化过程中产品的损失在更大量的制备中也变得不那么重要。在更大量规模内结晶或蒸馏原料更容易。

三、制备量放大案例

以蒽和顺丁烯二酸酐加成为例(详见实验二十四),进一步说明小量和大量制备反应过程中有关条件因素的变化,如表 2 - 11 所示。通常,反应物料可按比例放大,反应温度和投料比不变化,而反应时间、反应器体积、搅拌方式和纯化溶剂会改变,从而导致收率变化。

表 2 - 11　蒽和顺丁烯二酸酐加成反应放大反应参数的变化

项目	微量级	放大 5 倍	放大 15 倍	常规量
马来酸酐	40 mg	200 mg	2.0 g	10 g
蒽	80 mg	400 mg	4.0 g	20 g
二甲苯,mL	1.0	5.0	50	200
物料摩尔比(马来酸酐:蒽)	1.0∶1.1	1.0∶1.1	1.0∶1.1	1.0∶1.1
反应温度,℃	200	185～190	剧烈回流	回流
反应时间	30 min	30 min	2 h	3 h
反应器体积,mL	3.0	10	100	250
反应器	锥形样品瓶	圆底烧瓶	圆底烧瓶	圆底烧瓶
搅拌	磁搅拌子	磁搅拌子	磁搅拌子	机械搅拌
乙酸乙酯用量,mL	0.6	3.0	30	100
产品量,g	0.096	0.4	4.5	17.6g
收率,%	85.18	70.98	79.85	62.49

四、制备量缩小注意事项

小规模反应定义为反应混合物体积小于 5 cm^3。在这种规模进行有机反应时,会出现一些特别的问题,尤其是以下内容:

1. 称量少量敏感试剂是很困难的。

2. 由于设备设计而造成的物料损失是很大的。

3. 难以去除对水分敏感反应物料中的微量水分。

通常情况下,这些损失只占总物料的百分之几;然而,随着反应规模的减小,这个百分比会急剧增加。例如,如果在 1 摩尔规模上进行湿敏反应,那么需要 18 g 水才能完全停止反应的发生;但如果在 0.1 mmol 规模上进行相同的反应,则只要 1.8 mg 水就能完全熄灭反应。一个实验技能熟练的化学家应该能够成功地在 0.01 mmol 的尺度上进行水分敏感反应。

第五节　连续流反应技术

一、间歇与连续工艺

绝大多数有机合成反应都是在间歇式反应器中进行的。这种标准的实验室或制造厂的仪器设备,包括圆底烧瓶和大型反应器,能够按一定顺序添加一定数量的反应物、溶剂和试剂,并通过各种方式混合以进行化学反应。

连续工艺或流动化学是实现化学合成的另一种方法,将反应组分连续导入到连续反应器中进行反应,同时避免了在生成的产物中存在高浓度反应物。

最常见的连续反应器是管式反应器(推流式反应器——PFRs)、槽(连续搅拌槽反应器——CSTR)和固体支撑床试剂或催化剂(填充床反应器——PBR)。

一般来说,与同等生产量的间歇工艺相比,连续工艺使用更小的反应器,能提供更快的加热和冷却速度,并且由于消除了从一个反应器到另一个反应器的两种物料传输转移以及批次间反应器清洗的耗时,既减少了单元操作,又节约了人工成本。一般来说,连续工艺简化了给定工艺的单元操作数量。

由于连续工艺需要增加额外设备以及复杂的设计,还要为特定的工艺选择各种泵和反应器,因而连续工艺的优势并不明显。连续反应器被视为仅适用于商品化学制造和极度危险工艺,在这种情况下,设计和实施连续工艺相关的工程成本增加是合理的。在商品化工生产中,连续工艺的效率高会带来高额利润,因此,连续工艺是工业化首选的工艺过程。长期以来,危险化学生产一直是小规模连续工艺的应用领域。例如,硝化甘油的连续生产至少可以追溯到 20 世纪 40 年代。

二、连续流反应技术

随着时间的推移,人们对连续工艺过程的态度已经改变,许多有机化学家和工程师现在认识到,通过简单的连续反应器系统,可以实现比间歇过程更高的效益。近年来,流动化学在制药和精细化工行业得到了迅速的发展,与传统的间歇式方法相比,实验有机化学家应用连续式反应器仍然是一个活跃的研究领域,连续流动化学有可能显著提高生产效率,同时最大限度地降低大规模制备复杂分子的成本。此外，许多复杂靶点化合物的合成可能涉及使用昂贵的贵金属或复杂配体和高压反应以提高反应活性和选择性。连续过程有可能应用小型、灵活的反应器系统替代经典的间歇反应器，或替代典型间歇过程无法适应的极端反应条件，使反应更加安全。

“连续流化学(continuous-flow chemistry)”或称为“流动化学(flow chemistry)”，是指通过泵输送物料并以连续流动模式进行化学反应的技术。流动化学还可以通过同时进行多个单元操作来提高预期工艺的质量，例如在一个反应装置中使用更好的反应参数控制后处理和萃取。这可以消除费时和操作成本高的单元操作，包括容器准备、提取和相关的清理工作，这些工作在传统间歇工艺中是很常见的。连续化学也有利于更大规模的反应，因为它们可以改善传质和传热，而且设备占地面积相对较小，与间歇式反应器相比，能降低投资和运营成本。

流动技术可以通过与在线过程分析工具(PATs)相结合的自动化来控制，这使得在实验室中能够更快地进行优化，并提高这些集成系统的规模性能。尽管文献中报道了很多流动化学的新应用，但仍有许多反应类型有待研究，并且该领域将继续拓展研究以实现提高选择性、反应性和工业过程。

尽管文献报道了很多连续化的有机合成工艺研究，但适合于本科生在实验室里操作的实验案例并不多，市场上的连续流反应器价格比较贵，并不是一般实验室标配的设备。而连续化工艺的确是现在乃至未来发展的方向。因此，介绍连续流反应器在精细化工和医药合成工业上的应用，目的是让学生开阔视野、与时俱进，丰富解决问题的方法。

三、连续流反应技术应用案例

1. 案例一

首先介绍采用微通道连续化制备 API 原料药布洛芬的代表性实例(Angew. Chem. Int. Ed. 2009, 48, 8547-8550)。异丙苯/丙酸溶液与三氟甲磺酸分别经两个注射泵送入 T 形三通阀，经过充分混合的溶液进入微通道反应器(PFA 材质，内径 0.75 mm)反应温度 150 ℃，物料停留时间 5 分钟时，转化率 91%。对异丙基苯丙酮发生 1,2-芳基迁移反应条件为:50 ℃时，原甲酸三甲酯(4.0 eq)，二醋酸碘苯(1.0 eq)在三氟甲磺酸存在下，得到 98%的转化率，目标产物的收率 96%，物料在微通道内的停留时间仅为两分钟。第二步反应后的流出液，与 5 mol/L 的氢氧化钾充分混合后进入第三个微通道反应器，物料在 65 ℃停留 3 分钟即可实现酯的完全水解生成相应的羧酸钾盐，经过酸化即可以 68%的分离收率得到相应的羧酸（布洛芬），经过进一步重结晶纯化，产品纯度可以达到 99%以上。在不足 500 厘米长的 PFA 软管内，仅用几个注射泵即可以用接近 9 mg/min 的速度实现布洛芬的快速合成。

OH
O
KOH/MeOH H_2O
150℃ 5 min
65℃ 3 min
OH
O
F_3CSO_3H
50℃ 2 min
布洛芬
51%
$I(OAc)_2$
MeOH TMOF

2. 案例二

应用连续流工艺促进苯胺类化合物转化为芳基磺酰氯显示了连续流反应的优势（Organic Process Research & Development 2016，20，2116－2123.）。从相应的邻氨基苯甲酸酯制备氯磺酰苯甲酸盐的间歇工艺，受到气体释放和大批量重氮盐潜在失控反应的挑战。研究小组选择在 PFR 反应器流动中，25 ℃ 温度下，37%盐酸和亚硝酸钠，可在 20 秒内完成邻氨基苯甲酸酯中生成重氮盐的反应。磺酰氯由重氮盐与二氧化硫反应生成，二氧化硫则是由亚硫酸氢钠和 37%盐酸在氯化铜存在下原位生成的。

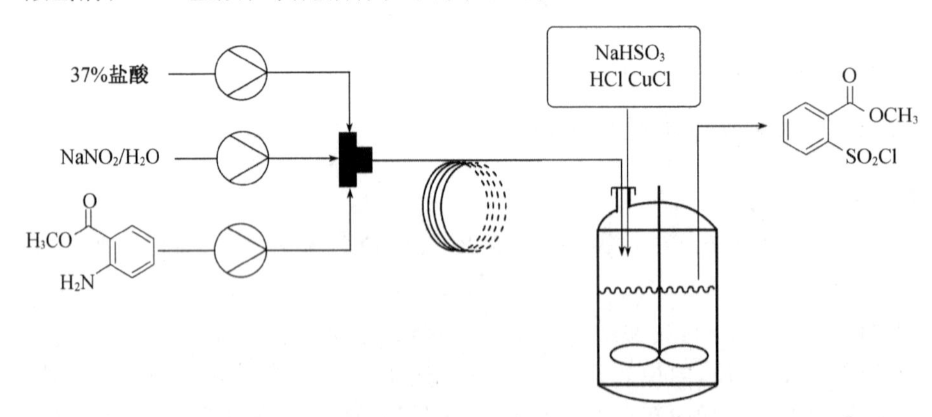

在加入含有氯化铜、亚硫酸氢钠和盐酸的间歇搅拌槽中，与重氮盐混合并升温至 20 ℃，反应生成的磺酰氯沉淀，通过过滤分离出来。

3. 案例三

文献报道了连续流硝化合成 1，4－二氟－2－硝基苯的方法（Org Process

Res Dev，2016，17(3)：438－442.）。以 2.0 倍摩尔量的硫酸和 1.1 倍摩尔量的硝酸组成的混酸为硝化剂，如下图。装置包含 3 部分连续流反应器，前 2 部分的停留时间均为 1 min，第 3 部分的停留时间为 0.3 min。每一部分反应器都保持不同的温度，分别为 30～35 ℃、65～70 ℃和－5～0 ℃，最后一部分的反应器用于淬灭反应。通过这种程序控温的连续流硝化，有效避免了多硝化等副反应的发生，目标产物收率为 98%，产量为 6.25 kg/h。

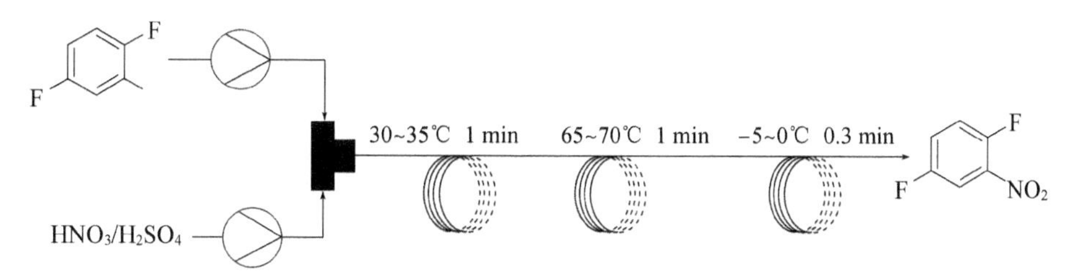

第三章　精细化工专业基础实验

实验一　醚类香料β-萘乙醚的合成

【主题词】

香料;β-萘乙醚;醇分子间脱水

【单元反应】

醇酚脱水醚化反应

【主要操作】

回流;重结晶;过滤;熔点测定;红外光谱;气相色谱

【实验目的】

(1) 了解香料的基本知识。

(2) 熟悉制备芳香醚的反应原理和方法。

(3) 掌握回流装置的安装与操作方法及固体精制的重结晶技术。

【背景材料】

β-萘乙醚又称新橙花醚,为白色片状晶体,非常稀的β-萘乙醚的溶液有类似橙花和洋槐花的气味,并伴有甜味和草莓、菠萝样的香气,若将其加入一些易挥发的香料中,便会减慢这些香料的挥发速度(具有这种性质的化合物称为定香剂),因而它广泛地用于调配肥皂或大众化的花露水和古龙香水,是一些香料(如玫瑰香、薰衣草香、柠檬香等)的定香剂,也是调制樱桃、草莓、石榴、李子以及咖啡、红茶等香型的香精成分。β-萘乙醚的熔点 37 ℃,沸点 282 ℃,不溶于水,可溶于乙醇、氯仿、乙醚、甲苯、石油醚等有机溶剂中。

【实验原理】

β-萘乙醚的合成，一般采用两种方法：

(1) 威廉森(A. W. Willamson)合成法：烷基化剂溴乙烷与苯酚在碱性条件下发生亲核取代反应制得。反应式如下：

$$\text{C}_{10}\text{H}_7\text{OH} + \text{NaOH} \longrightarrow \text{C}_{10}\text{H}_7\text{ONa} + H_2O$$

$$\text{C}_{10}\text{H}_7\text{ONa} + C_2H_5OH \longrightarrow \text{C}_{10}\text{H}_7\text{OC}_2\text{H}_5$$

(2) 醇分子间脱水法：在浓硫酸催化作用下，将β-萘酚、乙醇加热失去一分子水的方法来制取。本实验采用后一种方法，反应式如下：

$$\text{C}_{10}\text{H}_7\text{OH} + C_2H_5OH \xrightarrow[\text{回流}]{H_2SO_4} \text{C}_{10}\text{H}_7\text{OC}_2\text{H}_5 + H_2O$$

【仪器与试剂】

(1) 试剂：β-萘酚；无水乙醇；浓硫酸；氢氧化钠(5%)。

(2) 仪器：可调温油浴锅；50 mL 圆底烧瓶；恒压滴液漏斗；回流冷凝管；真空泵；布氏漏斗；熔点仪；电子天秤。

【预习实验】

(1) 醚化反应机理。

(2) 重结晶的定义与方法。

【实验操作】

(1) 实验准备

在安装有回流冷凝管并置于油浴上的 50 mL 圆底烧瓶中，加入 5 g (0.035 mol)β-萘酚和 6 g(0.13 mol)乙醇①，加热溶解。小心滴加 2 g 浓硫酸②，摇匀。在 120 ℃的油浴上加热 6 h。

---

① 易燃药品要注意安全，远离明火。

② 浓硫酸加入要缓慢，并使之均匀。

（2）析晶

将热溶液小心地倾入盛有 50 mL 水的烧杯中，搅拌，使析出结晶，倾去水层，剩余物用 18 mL 质量分数为 5%的氢氧化钠溶液充分洗涤，再每次用 20 mL 的热水洗涤二次，洗涤时用玻璃棒激烈搅拌浮起的产物，每次皆用倾滗法分出洗涤的水溶液①，得 β-萘乙醚粗品；收集两次碱性洗涤液以回收 β-萘酚②。

（3）重结晶

用乙醇重结晶③，减压抽滤，得到白色片状晶体的产物。称重，测熔点、红外光谱、气相色谱，计算收率。

【产物表征】

熔点为 36～37 ℃。气相色谱仪分析纯度，色谱条件为：固定相用 SE-30，柱长 50 m，柱温 220 ℃，汽化室和检测室温度为 250 ℃，用归一法测其纯度。将重结晶的 β-萘乙醚在 40 ℃左右溶解于甲醇，进样量 5 μL，保留时间：16.52 min，用归一法测得产物的度纯。IR（KBr 压片）：2 940 cm^{-1}、2 860 cm^{-1}（甲基、亚甲基 C—H 伸缩振动），1 620 cm^{-1}，1 590 cm^{-1}（苯环 C—C 骨架振动），1 260 cm^{-1}、1 182 cm^{-1}（醚的芳基 C—O 伸缩振动），1 150 cm^{-1}（醚的脂肪烃基 C—O 伸缩振动），845 cm^{-1}，750 cm^{-1}（苯环对位取代 C—H 面外弯曲振动）。

【思考题】

（1）还有几种方法可以合成萘乙醚？写出反应方程式。

（2）如何回收 β-萘酚？

---

① 此步操作的目的是精制所制得的醚，以除去未反应的萘酚。在氢氧化钠作用下，后者转变为溶于水的萘酚钠。

② 未反应的 β-萘酚可以部分回收。将分出粗产品后的碱性滤液用硫酸小心酸化至刚果红试纸变紫色（此时呈酸性），析出 β-萘酚的沉淀，过滤、干燥、称重，并从原料中减去。产率计算时要不包括回收的 β-萘酚。未反应原料的回收套用对工业生产的节能减排非常有用。

③ 用减压蒸馏的方法，也可得到精制的 β-萘乙醚，沸点为 140 ℃/1.6 kPa。

实验二　食品防腐剂尼泊金乙酯的合成

【主题词】

食品防腐剂;尼泊金乙酯;酯化反应

【单元反应】

芳香酸的酯化反应

【主要操作】

恒压滴液;分水;回流;pH 调节;活性炭脱色;过滤;熔点测定;红外光谱;液相色谱

【实验目的】

(1) 熟悉尼泊金酯类防腐剂的制备方法。

(2) 练习分水器操作方法。

(3) 掌握经典的酯化反应操作。

【背景材料】

尼泊金酯的化学名为对羟基苯甲酸酯,具抗菌防腐作用,主要用于食品和药品的防腐。尼泊金酯具有毒性低、几乎无味、无刺激性以及在较宽的 pH 值范围内能保持较好的抗菌效果等优点,可抑制真菌、绿脓杆菌、金黄色葡萄球菌。尼泊金酯类防腐剂为无色结晶或白色粉末,主要品种及其熔点如下:尼泊金甲酯 126～128 ℃;尼泊金乙酯 116～118 ℃;尼泊金丙酯 95～98 ℃;尼泊金丁酯 69～72 ℃。

本实验制备的尼泊金乙酯的分子量 166.17,沸点 298 ℃,几乎不溶于水,易溶于热乙醇,也溶于醚和丙酮,味微苦,灼麻。

【实验原理】

本实验以对羟基苯甲酸和乙醇为原料,用浓硫酸作催化剂,进行经典的酯化反应来制备尼泊金乙酯[①]。酯化时，按酰氧键断裂方式进行，即对羟基苯甲酸中羧基上的羟基和乙醇中的氢结合成水分子，剩余部分结合成酯，反应式为：

$$HO-C_6H_4-COOH + ROH \longrightarrow HO-C_6H_4-COOR + H_2O$$

$$R = CH_3, C_2H_5, n-C_3H_7, n-C_4H_9$$

酯化反应是可逆反应，为了提高酯的收率，本实验采用易得、价廉、易回收的乙醇过量，同时使用分水器除去反应中不断生成的水，使可逆反应平衡右移。

提高酯化反应收率常用的方法是除去反应中形成的水，实验采用分水器带出酯化反应生成的水。可以在反应体系中加入苯、环己烷等带水剂，其能与水形成低沸点的恒沸物且在室温下两者不互溶，冷凝后，溶剂与水在分水器中分层，水积在分水器下部，溶剂返流到反应体系里。

本实验使用环己烷作带水剂。借助于环己烷-水共沸[②]或环己烷-水-乙醇共沸[③]，通过蒸馏从反应体系中把酯化反应生成的水带出来，而溶有部分乙醇的环己烷又回到反应体系中，通过环己烷-水-乙醇共沸继续带出反应生成的水。

【预习内容】

（1）提高可逆反应产物收率的方法。

（2）分水器的使用方法。

【仪器与试剂】

（1）仪器：可调温电热套；电动搅拌器；250 mL 三口烧瓶；机械搅拌器；恒压滴液漏斗；回流冷凝管；分水器；电子天秤。

（2）试剂：对羟基苯甲酸；乙醇；浓硫酸；50％氢氧化钠；环己烷；10％碳酸

---

① 采用此酯化反应，以甲醇、乙醇、丙醇或丁醇与对羟基苯甲酸反应可以分别制备尼泊金甲酯、乙酯、丙酯或丁酯。

② 环己烷-水二元共沸温度 69 ℃，环己烷-水二元共沸物中含水 9％，含环己烷 91％。

③ 乙醇过量，环己烷-水-乙醇三元共沸物的共沸温度为 62.5 ℃，环己烷-水-乙醇三元共沸物含水 4.8％，乙醇 19.7％，环己烷 75.5％。

氢钠；活性炭。

【实验操作】

（1）实验准备

在装有搅拌器、回流冷凝管和滴液漏斗的 250 mL 三口烧瓶中，加入 13.8 g（0.1 mol）对羟基苯甲酸、29.2 mL（23 g，0.5 mol）乙醇①和 21.5 mL（16.8 g，0.2 mol）带水剂环己烷②，搅拌下由滴液漏斗缓慢滴入 1 mL 浓硫酸，加入沸石，安装分水器，用量筒向分水器中加入水，加入水的液面略低于支管 1 cm，分水器上端装上回流冷凝管。

（2）酯化反应

加热使固体全溶，升温至保持轻微回流分水。分水器中液面升高时，打开分水器活塞，把水分去，分水时必须一滴一滴地分，保持水层液面原来的高度，不再有水生成，即分水器中液面不再升高时，表明分水结束，停止加热。

（3）析晶

待烧瓶物料冷却后，关闭冷却水，取下冷凝管，拆卸分水器，把分水器下层水分出合并，记录总水量，把分水器上层液体从上口倒入三口烧瓶，然后，再把烧瓶中的反应混合物倒入洁净的烧杯中，冷却至室温，用 50%的氢氧化钠溶液调节 pH 至 6，蒸馏回收过量的乙醇和带水剂，置冷，析出结晶，用 10%的碳酸氢钠溶液调节 pH 至 7～8。抽滤，水洗结晶至洗涤液的 pH 值为 6～7，得尼泊金乙酯粗品。

（4）精制

将尼泊金乙酯粗品放入带有回流冷凝管的圆底烧瓶中，加入适量的乙醇，加热溶解，置冷后加入适量的活性炭微沸片刻，趁热过滤。滤液置冷结晶，抽滤，水洗，晾置，烘干，得到尼泊金乙酯精品为白色结晶。称重，测熔点、红外光谱、液相色谱，计算收率。

【产物表征】

尼泊金乙酯为白色晶体，熔点为 116～118 ℃。液相色谱的色谱柱：

---

① 乙醇过量，以补充环己烷-水-乙醇三元共沸物中与水相溶、随共沸物蒸出后，留在分水器中的乙醇。

② 酯化反应的酸性催化剂，可以是浓硫酸，也可以是对甲基苯磺酸等有机强酸或强酸性阳离子交换树脂。

Diamonsil C_{18}柱(5 μm,250 mm×4.6 mm i.d.);流动相$V_{甲醇}$∶$V_{水}$=72∶28,吸收波长:254 nm,流速:1.0 mL/min,进样量:10 μL,采用色谱峰的保留时间定性,外标法峰面积定量,尼泊金乙酯保留时间:9.82 min。IR(KBr 压片):3 384.23 cm^{-1}(酚羟基 O—H 伸缩振动),2 955.16 cm^{-1}(苯环 C—H 伸缩振动),1 673.89 cm^{-1}(酯基的 C═O 伸缩振动),1 292.53 cm^{-1}(酯基的 C—O 伸缩振动);1 591.76 cm^{-1}、1 467.55 cm^{-1}(苯环 C═C 骨架振动);813.16 cm^{-1}(芳环对位取代 C—H 面外弯曲振动)。

【思考题】

(1) 本实验采取什么措施来提高该平衡反应的收率?

(2) 如何判断反应结束?

(3) 分水器的作用是什么?

实验三　医药中间体扁桃酸的制备

【主题词】

卡宾反应;相转移催化;医药中间体;扁桃酸;制备

【单元反应】

α-消去反应;卡宾对双键的加成反应;重排反应;水解

【主要操作】

搅拌;滴加;干燥;重结晶;真空抽滤;电子天秤称量

【实验目的】

(1) 掌握相转移催化原理。

(2) 了解卡宾加成反应和重排反应的机理。

(3) 掌握重结晶的实验方法。

【背景材料】

扁桃酸(Mandelic acid)学名为α-羟基苯乙酸,是重要的手性药物中间体和精细化工产品,可用于合成血管扩张药环扁桃酯、尿路感染消炎药扁桃酸乌洛托品和镇痉药扁桃酸苄酯等药物。扁桃酸为白色斜方片状结晶或结晶性粉末。有旋光异构体,见光分解变色。天然品为左旋扁桃酸,熔点 130 ℃。消旋扁桃酸熔点为 120~122 ℃,可溶于水、乙醇、乙醚和苯等溶剂。

【实验原理】

反应以苯甲醛、氢氧化钠和氯仿为原料,在四丁基溴化铵催化下反应得扁桃酸,反应式如下:

$$C_6H_5\text{—}CHO + CHCl_3 \xrightarrow{\text{重排}} \xrightarrow{\text{水解}} C_6H_5\text{—}\overset{*}{C}H(OH)COOH$$

反应采用四丁基溴化铵为相转移催化剂,在氢氧化钠作用下,氯仿生成三氯甲基碳负离子,被相转移催化剂转移到有机相中,在有机相中产生活泼中间体二氯卡宾①,二氯卡宾对苯甲醛的羰基进行加成反应,加成的产物再经过重排,水解得到扁桃酸。

反应历程如下:

水相 $(C_4H_9)_4N^+Br^- + NaOH \rightleftharpoons (C_4H_9)_4N^+OH^- + NaBr$

（两相之间：$\rightleftharpoons$；$CHCl_3$）

有机相 $(C_4H_9)_4N^+Cl^- + :CCl_2 \rightleftharpoons (C_4H_9)_4N^+CCl_3^- + H_2O$

$$\xrightarrow{C_6H_5\text{—}CHO} C_6H_5\text{—}\underset{\text{环氧}}{C(H)\text{—}O\text{—}CCl_2} \xrightarrow{\text{重排}} C_6H_5\text{—}CH(Cl)\text{—}C(=O)\text{—}Cl \xrightarrow[OH^-]{H_2O} \xrightarrow{H^+} C_6H_5\text{—}\overset{*}{C}H(OH)\text{—}C(=O)\text{—}OH$$

【预习内容】

(1) 什么是相转移催化反应?

(2) 什么是卡宾?

(3) 哪些化合物可以用作相转移催化剂?

---

① 卡宾(carbene),又称碳烯,一般以 $R_2C:$ 表示,指碳原子上只有两个价键连有基团,还剩两个未成键电子的高活性中间体。

【仪器与试剂】

(1) 试剂:苯甲醛;氯仿;50%氢氧化钠(质量分数);四丁基溴化铵;50%硫酸。

(2) 仪器:可调温电热套、水浴锅、电动搅拌器、250 mL 三口烧瓶、恒压滴液漏斗、回流冷凝管、电子天秤。

【实验步骤】

(1) 实验准备

在配有回流冷凝管、滴液漏斗和电动搅拌器的三口烧瓶中加入新蒸馏的苯甲醛 10.1 mL(10.6 g,0.1 mol)、氯仿 20 mL(30 g,0.25 mol)、相转移催化剂四丁基溴化铵 1.61 g(0.05 mol)。

(2) 反应

水浴加热,升温至 50 ℃时,开始滴加 50%的氢氧化钠溶液 30 mL(0.375 mol),控制水浴温度在 58~60 ℃,约 2 h 滴毕,保持水浴温度 60 ℃,继续反应 1 h①。

(3) 分离

在烧瓶内加入适量的水,使固状物全部溶解,静置分层除去氯仿层,水层用 10 mL 乙醚萃取二次,乙醚萃取液回收。水层再用 50%(质量分数)硫酸酸化至 pH<1,这时水层从酸化前的亮黄色变为乳白色,上层有少许黄色油状物,用分液漏斗除去油层后,再用乙醚萃取 2 次,合并乙醚层并用无水硫酸钠干燥后,用 40 ℃水浴蒸去乙醚,得到淡黄色固体的扁桃酸粗品。

(4) 纯化

将扁桃酸粗品放入烧杯中,根据扁桃酸粗品的量加入少量甲苯进行重结晶,搅拌,加热使其全部溶解,趁热过滤,母液在室温下放置使结晶慢慢析出,冷却后抽滤、干燥得白色晶体②,称重,测定熔点。

【产物表征】

白色结晶,mp:118~120 ℃。IR:3 400.32 cm^{-1}(羟基 O—H 伸缩振动),

---

① 当烧瓶上部为黄色油状液体而没有白色固状物时说明反应已完成。停止加热,烧瓶内上层为棕黄色油状物,下层为白色絮状沉淀。

② 用少量石油醚(30~60 ℃)洗涤,促使其快干。

2 800～3 100 cm^{-1}（苯环及次甲基 C—H 伸缩振动），1 716.85 cm^{-1}（羧酸 C═O 伸缩振动），1 587.76 cm^{-1}、1 497.33 cm^{-1}（苯环骨架振动），1 298.19 cm^{-1}（羟基 O—H 变形振动），1 060.21 cm^{-1}（羟基 C—O 伸缩振动），730.43 cm^{-1}、694.85 cm^{-1}（苯环单取代特征峰）；^1H—NMR（$CDCl_3$ 为溶剂，TMS 为内标），δ_H（ppm）：7.20～7.30（5H，C_6H_5），5.10（1H，C—H），4.70（2H，O—H）。

【思考题】

（1）举例说明相转移催化作用原理。

（2）如何判断反应是否结束？

（3）写出苯甲醛与氯仿生成扁桃酸的反应机理。

实验四　阴离子型表面活性剂十二醇硫酸钠的合成

【主题词】

表面活性剂；十二烷基硫酸钠；LAS

【单元反应】

酯化反应；中和反应

【主要操作】

无水操作；机械搅拌；气体吸收

【实验目的】

（1）掌握高级脂肪醇硫酸酯盐型阴离子表面活性剂的合成方法。

（2）熟悉表面活性剂分类及洗涤剂的基本知识。

【背景材料】

表面活性剂（surfactant；SAA）是一类重要的精细化学品，从 20 世纪 50 年代开始随着石油化工飞速发展与合成塑料、合成橡胶、合成纤维一并兴起的新型化学品，目前已被广泛应用于纺织、制药、化妆品、食品、造船、土建、采矿以及洗涤和日常生活的各个领域。它是许多工业部门的化学助剂，其用量虽小，但效能甚大，往往能起到意想不到的效果。

表面活性剂的定义无统一的描述,但普遍认为表面活性剂应包括“表(界)面”(surface)、“活性”(active)和“添加剂”(agent)三方面的含义。从肥皂的主要成分是长链脂肪酸钠可以知道是由易溶于油的疏水基和易溶于水的亲水基所构成,所以表面活性剂的分子结构是两亲分子,溶于水的时候,周围完全被水所包围,疏水基与水相互排斥被逐出水面,亲水基与水相互吸引留在水中,在水溶液中要达到较为稳定的状态有两种方式:一是把亲水基留在水溶液中,仅把疏水基在空气中伸出,这样在水溶液的表面定向排列,形成单分子膜,另外一种方式就是在溶液中疏水基相互聚集一起,尽量减少与水的接触面,形成胶束,如图 3-1 所示。表面活性剂在加入量很少时即能明显降低溶剂(通常为水)的表面(或界面)张力,改变物系的界面状态以及溶液的性质,因而能够产生润湿、疏水基乳化、起泡、增溶及分散等作用,从而达到实际应用的功能。

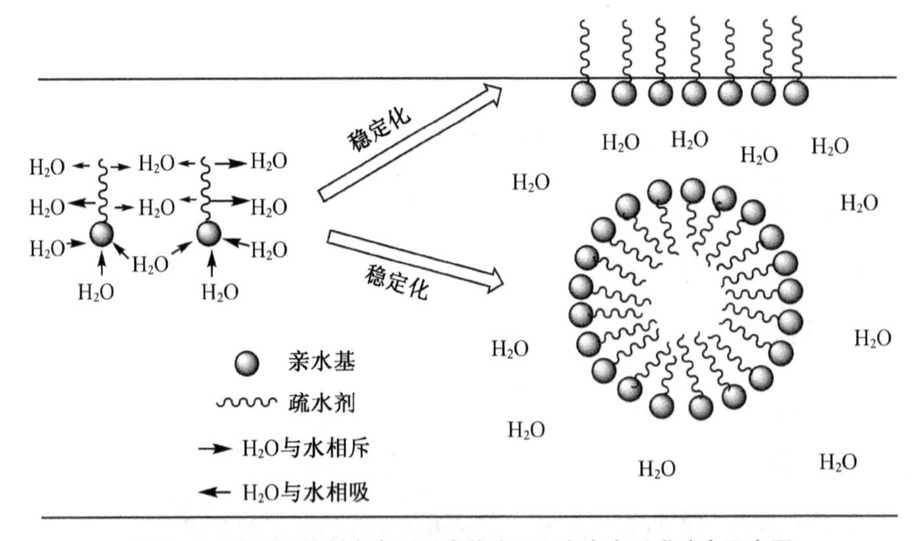

图 3-1 表面活性剂在表面形成单分子层在水中形成胶束示意图

作为专用名词,表面活性剂的历史并不长,但它的应用却可以追溯到古代。我国古人已用皂角,古埃及人用皂草提取皂液来洗衣物。这里的有效成分实际上是结构复杂的生物天然表面活性剂。这种物质具清洗功能,但它一旦进入人体生化循环体系,就会对人体产生一定的毒性。而合成的表面活性剂易于降解,无此缺点。

表面活性剂可以根据离子类型、亲水基结构、疏水基种类以及表面活性剂结构的特殊性等分类。按离子类型分类为表面活性剂研究与应用过程中最常用的分类方法。大多数表面活性剂是水溶性的，根据它们在水溶液中的状态和离子类型可以将其分为离子型表面活性剂和非离子型表面活性剂。离子型表面活性剂又分为阴离子表面活性剂、阳离子表面活性剂和两性表面活性剂三种。例如十二烷基磺酸钠在水中电离出磺酸根，属于阴离子表面活性剂，苄基三甲基氯化铵电离产生季铵阳离子，属于阳离子表面活性剂；两性表面活性剂分子中同时存在酸性和碱性基团，如十二烷基甜菜碱，这类表面活性剂在水中的离子性质通常与溶液的 pH 值有关。

非离子型表面活性剂在水中不能离解产生任何形式的离子，如脂肪醇聚氧乙烯醚：

$$C_{12}H_{25}-C_6H_4-SO_3Na$$

十二烷基磺酸钠

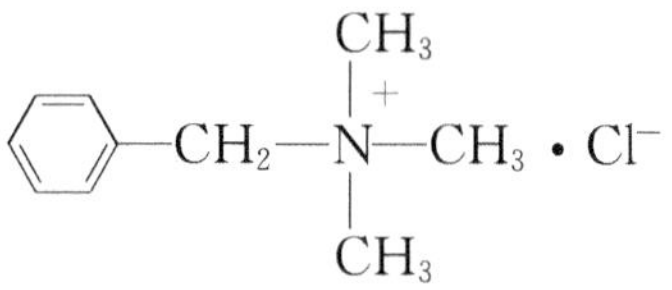

$$C_6H_5-CH_2-\overset{+}{N}(CH_3)_2-CH_3 \cdot Cl^-$$

苄基三甲基氯化铵

$$C_{12}H_{25}-\overset{+}{N}(CH_3)_2-CH_2COO^-$$

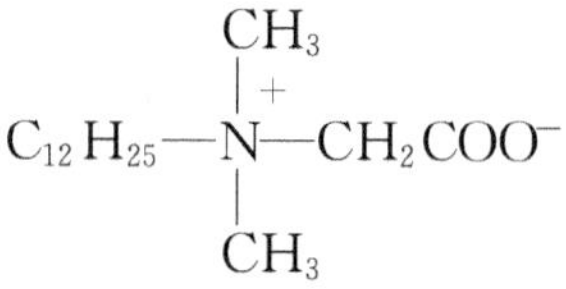

十二烷基甜菜碱

$$RO(CH_2CH_2)_nH$$

脂肪醇聚氧乙烯醚

纯的十二醇硫酸钠为白色固体，又称为十二烷基硫酸酯钠盐、十二烷基硫酸钠、月桂硫酸钠，属阴离子表面活性剂，通式为 $ROSO_3M$，其中 R 为 C_8～C_{20}，但以 C_{12}～C_{14} 者最为常见。能溶于水，对碱和弱酸较稳定，在 120 ℃以上会分解。十二醇硫酸镁盐和钙盐有相当高的水溶性，因此，十二醇硫酸钠可在硬水中应用，它还较易被生物降解，无毒，因而具有对环境污染较小的优点。

脂肪醇硫酸盐商品名为 FAS，从结构上看，直链的脂肪醇硫酸盐的洗涤效果更好些，称为线性烷基硫酸盐，缩写为 LAS 洗涤剂，而以仲醇或具支链的醇为原料合成的硫酸盐则洗涤性较差，但润湿性好，在工业上常用作润湿剂、渗透剂、匀染剂、洗涤剂、纺织油剂等，同时也是日用牙膏发泡剂、护肤和洗发用品（常用三乙醇胺的盐）等的配方成分。

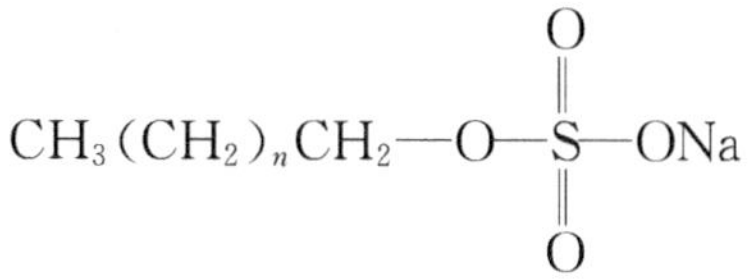

$$CH_3(CH_2)_nCH_2-O-S(=O)_2-ONa$$

直链烷基硫酸钠（LAS）（n=10～16）

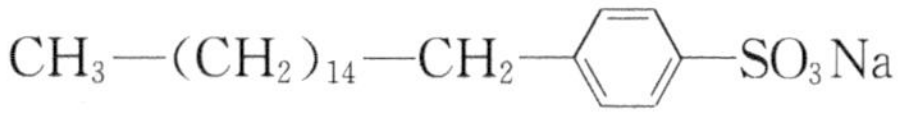

$$CH_3-(CH_2)_{14}-CH_2-C_6H_4-SO_3Na$$

烷基苯磺酸盐（ABS）

【实验原理】

十二醇硫酸钠可用发烟硫酸、浓硫酸或氯磺酸与十二醇反应而得。首先进行硫酸化反应，生成酸式硫酸酯，然后用碱溶液将酸式硫酸酯中和。硫酸化反应是一个剧烈放热反应，为避免由于局部高温而引起的氧化、焦油化、成醚等种种副反应，需在冷却和加强搅拌的条件下，通过控制加料速度来避免整体或局部物料过热。十二醇硫酸钠在弱碱和弱酸性水溶液中都较稳定，但由于中和反应也是一个剧烈放热的反应，为防止局部过热引起水解，中和操作仍应注意加料、搅拌和温度的控制。

脂肪醇硫酸盐阴离子表面活性剂通常由 12～18 醇与浓硫酸或氯磺酸在 40～50 ℃酯化后再用碱或醇胺中和而得。

$$R—OH + ClSO_3H \longrightarrow R—O—SO_3H + HCl$$

$$R—OH + H_2SO_4 \longrightarrow R—O—SO_3H + H_2O$$

$$R—O—SO_3H + NaOH \longrightarrow R—O—SO_3Na + H_2O$$

$$R—O—SO_3H + H_2NCH_2CH_2OH \longrightarrow R—O—\overset{\ominus}{S}O_3\ \overset{\oplus}{N}H_3CH_2CH_2OH$$

本实验中所要制备的十二烷基硫酸钠是由月桂醇与浓硫酸反应后再加碱中和而得，合成路线如下：

$$CH_3(CH_2)_{11}OH \xrightarrow{H_2SO_4} CH_3(CH_2)_{11}OSO_3H \xrightarrow{NaOH} CH_3(CH_2)_{11}OSO_3Na$$

本实验制得的产品和工业品一样，为不纯物。工业品的控制指标一般为：

活性物含量	≥80%	水分	≤3%
高碳醇	≥23%	无机盐	≥8%
pH 值(3%溶液)	8～9		

判断反应完全程度的简单定性方法是取样溶于水中，溶解度越大和溶液越透明表明反应越完全(脂肪醇硫酸钠溶于水中形成半透明溶液，相对分子质量越小溶液越透明)。活性物含量的测定可参考 GB/T 5173—2018。无机盐含量可按一般灰分测定法测出。水分含量可通过加热至恒重的一般方法测出。

【预习内容】

(1) 了解硫酸与十二醇合成十二烷基硫酸钠的实验原理及注意事项。

(2) 掌握测定含固量、表面张力和泡沫性能的各种仪器的使用方法。

【仪器与试剂】

(1) 仪器：可调温电热套；电动搅拌器；温度计；恒压滴液漏斗；尾气导出吸收装置；布氏漏斗；烧杯；真空泵；冰水浴；蒸发皿；电子天秤。

(2) 试剂：十二醇(月桂醇)；98%浓硫酸；氢氧化钠(30%水溶液)；双氧水(30% H_2O_2)；pH 试纸。

【实验操作】

(1) 实验准备

在装有搅拌器、温度计、恒压滴液漏斗和尾气导出吸收装置的三口烧瓶内加入 19 g(0.1 mol)月桂醇①。开动搅拌器，瓶外用冷水浴(温度 0～10 ℃)冷却。

(2) 酯化反应

通过滴液漏斗慢慢滴加 11 g(0.11 mol)98%(质量分数)浓硫酸②，控制滴加的速度，使反应保持在 30～35 ℃的温度下进行③。加完浓硫酸后继续在 30～35 ℃下搅拌 60 min，得到的酸式硫酸酯密封备用。

(3) 中和反应

在烧杯内加入 18 mL 30%氢氧化钠水溶液④，杯外用冷水浴冷却，搅拌下将以上制得的酸式硫酸酯慢慢加入其中。中和反应控制在 50 ℃以下⑤进行并使反应液保持在碱性范围内⑥。加料完毕 pH 值应为 8～9，必要时可用 30%氢氧化钠溶液调整溶液的酸碱性。加入约 0.5 g 30%双氧水搅拌漂白 30 min，得到稠厚的十二醇硫酸钠浆液⑦。

(4) 干燥

将上述浆液移入蒸发皿，在蒸气浴上或烘箱内烘干，压碎后即得到白色颗

---

① 所用的仪器必须经过彻底干燥，装配时要确保密封良好。

② 硫酸的腐蚀性很强，使用时应戴上橡胶手套。

③ 温度高时酸式硫酸酯可能分解。

④ 氢氧化钠用量不宜过多，以防产物 pH 值过高，宁可中和后再补充。

⑤ 避免酸式硫酸酯在高温下发生水解。

⑥ 产物在弱酸性和弱碱性介质中都是比较稳定的，由于在碱性条件下具有较好的使用性能，因此必须保证中和完全。

⑦ 也可将浆状产物铺开自然风干，留待下次实验时再称量。

粒状或粉状的十二醇硫酸钠，称重、烘干，计算收率①，测定其含固量、表面张力及泡沫性能。

【表征】

HPLC：色谱柱：ODS C18(5 mm，4.6 mm×250 mm)；柱温：35 ℃，流动相：甲醇∶超纯水＝55∶45，流速：1.0 mL/min；检测器温度：35 ℃；进样量：20 mL，保留时间：13.6 min。

IR(KBr压片)：2 955.43～2 861.66 cm^{-1}(饱和烃基C—H伸缩振动)，1 467.55 cm^{-1}(硫酸酯盐—O—SO_2—O—反对称振动)，1 227.47 cm^{-1}(硫酸酯盐C=S伸缩振动)，1 085.12 cm^{-1}(硫酸酯盐S=O伸缩振动)，837.25 cm^{-1}(C—S伸缩振动)。^1H—NMR(DMSO-d6为溶剂，TMS为内标)，δ_H(ppm)：3.697(2H，—CH_2OSO_3)，1.480(2H，—$CH_2CH_2OSO_3Na$)，1.25(18H，—$(CH_2)_9CH_3$)，0.857(3H，—CH_3)。

【思考题】

(1) 十二醇硫酸钠属于哪一类型表面活性剂？谈谈表面活性剂的分类。

(2) 高级醇硫酸酯盐有哪些特性和用途。

(3) 合成洗涤剂在酸性溶液中能发挥其作用吗？试解释之。

(4) 溶液表面上的吸附现象是怎样表现的？为什么会出现溶液表面的吸附现象？

(5) 液体的表面张力大小与哪些因素有关？

---

① 由于中和前未将反应混合物中的H_2SO_4分离出去，最后产物中混有Na_2SO_4等杂质，造成收率超过理论值。这些无机物的存在对产物的使用性能一般无不良影响，相反还起到一定的助洗作用。微量未转化的十二醇也有柔滑作用。

实验五　乙酸异戊酯的制备

【主题词】

香料;乙酸异戊酯;酯化;液体的纯化

【单元反应】

脂肪酸的酯化反应(O-酰基化反应)

【主要操作】

分水;液体干燥;蒸馏;回流;过滤

【实验目的】

(1) 了解有关酯类香料的化学知识。

(2) 掌握用乙酸和异戊醇制备乙酸异戊酯的方法,巩固酯化反应的机理。

(3) 学习有机合成中操作的流程图表示。

(4) 练习巩固回流蒸馏、分液漏斗及液体干燥的基本操作。

【背景材料】

调香师把天然香料和合成香料结合起来,制备人造香精,它能再现自然香韵。植物的花、果实、种子有特殊的香味,归结于它含有许多酯类化合物。酯类化合物是基本的香料单体。尽管各种香料单体各有不同的香味,似乎与天然物质的香味特征无关,但如果把它们按一定比例混合起来,可以构成与天然香韵极为接近的香精。本实验所制备的乙酸异戊酯是酯类香料中最有用的一种。它在浓度较高的情况下有强烈的香蕉香味。而在稀释时,则又让人回忆起梨子的香味。乙酸异戊酯主要用于制备人造咖啡、牛奶司考奇和蜂蜜香精,也用于调和梨、香蕉等花香型香精。大多数易挥发的酯有强烈而愉快的果香。有些酯类具有一些特征的天然果香如表 3-1。

表 3-1　具有特征天然果香的部分酯类

名称	结构式	香韵	名称	结构式	香韵
乙酸乙酯	$CH_3-\overset{O}{\overset{\parallel}{C}}-O-C_2H_5$	水果	丙酸异丁酯	$CH_3CH_2-\overset{O}{\overset{\parallel}{C}}-OCH_2CH(CH_3)_2$	甘蔗
乙酸丙酯	$CH_3-\overset{O}{\overset{\parallel}{C}}-O-C_3H_7$	梨	丁酸乙酯	$CH_3CH_2CH_2-\overset{O}{\overset{\parallel}{C}}-OC_2H_5$	松果
乙酸苄酯	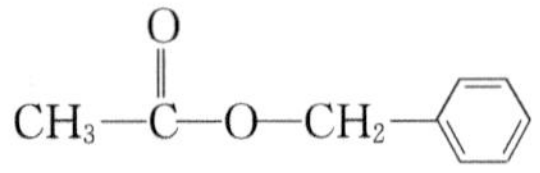 $CH_3-\overset{O}{\overset{\parallel}{C}}-O-CH_2-C_6H_5$	桃子草莓	乙酸异戊烯酯	$CH_3-\overset{O}{\overset{\parallel}{C}}-O-CH_2C=C(CH_3)_2$	果汁
乙酸辛酯	$CH_3-\overset{O}{\overset{\parallel}{C}}-O-(CH_2)_7CH_3$	橙子	乙酸异戊酯	$CH_3-\overset{O}{\overset{\parallel}{C}}-O-CH_2CH(CH_3)_2$	香蕉

高级香精主要由天然的精油或动植物萃取物构成。一般来讲，合成香料常有基香、定香（高沸点）或载体构成。

定香剂　$C_6H_5-\overset{O}{\overset{\parallel}{C}}-O-CH_2-C_6H_5$　　$\underset{OH}{\underset{|}{CH_2}}-\underset{OH}{\underset{|}{CH}}-\underset{OH}{\underset{|}{CH_2}}$

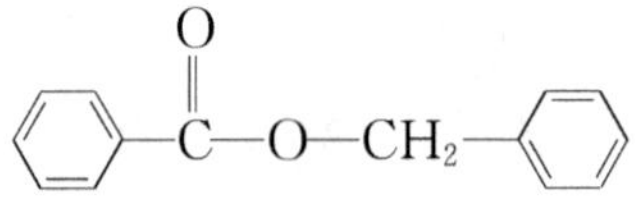

载　体　CH_3-CH_2-OH

【实验原理】

酯类的合成方法很多，其中最主要也是最常用的方法就是以相应的酸与醇或酚在催化剂作用下，脱去一分子 H_2O 缩合而成。

$$R-\overset{O}{\overset{\parallel}{C}}-OH + R'OH \rightleftharpoons R-\overset{O}{\overset{\parallel}{C}}-O-R' + H_2O$$

酯化反应为可逆反应，把反应物混合回流 1 h，达到平衡时仅有 67%的转化率（平衡常数 $K=4.2$），为了增加收率，根据平衡反应的特征，通常采用的方法有两种：一是增加反应物的浓度，一般是价廉的原料过量（本实验中异戊醇比乙酸贵），二是设法减少生成物的浓度，如蒸去易挥发的酯或共沸除去生成的水。本实验就是利用共沸的原理，在反应混合物中加入一定量的苯作为带水剂，以共沸的形式，除去反应过程中生成的水，从而达到增加收率的目的。

反应结束后，利用反应混合物中各组分不同的溶解度、酸碱性、沸点或其他的物化性质，把产物从混合物中分离出来。

乙酸异戊酯为无色、有香蕉气味、易挥发的液体，沸点为 142.5 ℃，折射率 n_B 为 1.400 3。由冰醋酸与异戊醇合成乙酸异戊酯的反应式如下：

$$CH_3-\overset{\overset{\displaystyle O}{\|}}{C}-OH + (CH_3)_2CHCH_2CH_2OH \xrightleftharpoons{浓\ H_2SO_4}$$

$$CH_3-\overset{\overset{\displaystyle O}{\|}}{C}-O-CH_2CH_2CH(CH_3)_2 + H_2O$$

【仪器与试剂】

（1）仪器：可调温电热套；电动搅拌器；250 mL 单口烧瓶；分液漏斗；回流冷凝管；分水器；真空泵；电子天秤。

（2）试剂：异戊醇；冰醋酸；浓硫酸；苯；饱和碳酸氢钠溶液；沸石；pH 试纸；无水硫酸镁；布氏漏斗；饱和氯化钠溶液。

【实验操作】

（1）实验准备

在 250 mL 单口烧瓶中，加入 18 mL 异戊醇①(14.6 g，165.4 mmol)，11.4 mL冰醋酸(12.0 g，199.3 mmol)，边振荡边加入 1.8 mL 浓硫酸②(3.2 g，33.1 mmol)，再加入 67 mL 苯和几粒沸石，摇匀后装上分水器。分水器上口接回流冷凝管。

（2）酯化反应

用电热套加热混合物，使之回流，直到分水器中水的量不再增加为止，停止反应。量取分水器中得到水的量。

（3）分离

反应液冷至室温，小心转入分液漏斗中。用 50 mL 冷水洗涤烧瓶，并将洗涤液合并至分液漏斗中，振摇后静置，分出下层水溶液。有机相用 15 mL

---

① 因为过量的异戊醇与醋酸相比在混合液中难以去除，而使醋酸过量，既可促进正反应进行，又便于去除。

② 假如浓硫酸与有机物混合不均匀，加热时会使有机物炭化，溶液发黑。

饱和碳酸氢钠溶液洗涤①，以除去粗酯中少量的醋酸杂质，边加边搅拌，直到无气泡产生，此时 pH 试纸呈碱性，然后，用 10 mL 饱和氯化钠水溶液洗涤一次，分出水层，有机层用 2.5 g 无水硫酸镁干燥 1 h，用布氏漏斗过滤。粗产物滤入圆底烧瓶中，蒸馏并收集 138 ℃～143 ℃馏分。称重，测红外光谱、计算收率。

【表征】

IR(KBr 压片)：2 962.45～2 876.22 cm^{-1}（饱和烃基 C—H 伸缩振动），1 744.72 cm^{-1}（酯基 C=O 伸缩振动），1 246.03 cm^{-1}（饱和脂肪族酯 C—O—C 反对称伸缩振动），1 067.93 cm^{-1}（饱和脂肪族酯 C—O—C 对称伸缩振动）。^1H—NMR（$CDCl_3$ 为溶剂，TMS 为内标），δ_H（ppm）：4.095（2H，—OCH_2—），2.037（3H，CH_3CO—），1.693（1H，—$CH(CH_3)_2$），1.521（2H，—$CH_2CH(CH_3)_2$），0.926（6H，—CH_3）。

【思考题】

(1) 为什么使用过量的乙酸？用过量的异戊醇有什么不好？

(2) 用 $NaHCO_3$ 洗涤，逸出的气体是什么？写出反应式。

(3) 画出制备水杨酸异戊酯的操作程序图解。

(4) 此反应的平衡常数 $K=4.2$，根据所加入的物料量及产品的量，验证平衡常数。

实验六　抗氧剂双酚 A 的合成

【主题词】

抗氧剂；双酚 A

【单元反应】

Friedel-Crafts 烷基化反应

---

① 用碳酸氢钠洗涤有大量二氧化碳产生，因此，开始中和时不要塞住分液漏斗，摇振漏斗至无明显的气泡产生后再塞住塞子振摇，应注意及时排气。

【主要操作】

减压抽滤;洗涤;分液;重结晶;熔点测定

【实验目的】

(1) 掌握抗氧剂双酚 A 的合成原理和合成方法。

(2) 掌握有机化合物的分离方法、重结晶方法。

(3) 熟悉测定有机物熔点的方法,了解抗氧剂双酚 A 的化学特性及主要用途。

(4) 掌握有机化合物的分离方法。

【实验原理】

双酚 A 又称二酚基丙烷,化学名称为 2,2′-二(4-羟基苯基)丙烷。相对密度为 1.195,沸点:220 ℃。溶于甲醇、乙醇、异丙醇、乙酸、丙酮及二乙醚,微溶于水。易被硝化、卤化、硫化、烷基化等,抗氧剂双酚 A 可作为塑料和涂料用抗氧剂,是聚氯乙烯的热稳定剂,也是聚碳酸酯、环氧树脂、聚砜、聚苯醚等树脂的合成原料。

双酚 A 的合成方法有多种,大都由苯酚与丙酮发生 Friedel-Crafts 烷基化反应合成,不同之处是采用的催化剂有别。本实验采用的是硫酸法,即苯酚与过量的丙酮在硫酸的催化条件下缩合脱水,生成双酚 A,其反应方程式如下:

$$2\,C_6H_5{-}OH + CH_3{-}\overset{\overset{\displaystyle O}{\|}}{C}{-}CH_3 \xrightarrow{H_2SO_4} HO{-}C_6H_4{-}\underset{\underset{\displaystyle CH_3}{|}}{\overset{\overset{\displaystyle CH_3}{|}}{C}}{-}C_6H_4{-}OH + H_2O$$

【预习内容】

(1) 芳香烃 Friedel-Crafts 烷基化反应机理。

(2) 用于化合物重结晶的混合溶剂选取原则。

【仪器与试剂】

(1) 仪器:三口烧瓶;冷水浴;回流冷凝管;滴液漏斗;分液漏斗;真空泵;布氏漏斗;直形冷凝管;玻璃棒。

(2) 试剂:苯酚;甲苯;79%(ω/ω)硫酸;巯基乙酸;丙酮;自来水;二甲苯。

【实验操作】

(1) 实验准备

在三口烧瓶中加入 30 g(0.32 mol)熔融的苯酚①、60 g(0.65 mol)甲苯、40 g(0.32 mol)质量分数为 79%的硫酸,将三口烧瓶放入冷水浴中,将物料冷却至 28 ℃以下,开启。

(2) 双酚 A 合成

在搅拌下加入 0.2 g 助催化剂巯基乙酸,然后,一边搅拌一边用滴液漏斗滴加 10 g(0.17 mol)丙酮②,滴加期间,瓶内物料温度控制在 32~35 ℃,不得超过 40 ℃③,约在 30 min 内滴毕丙酮,在 36~40 ℃搅拌 2 h 以上。移入分液漏斗,用热水洗涤 3 次,第一次水洗量为 50 mL,第二、第三次水洗量为 80 mL(水温为 82 ℃④)。每次水洗时,一边搅拌一边滴加热水,加完水后,振荡使之混合均匀⑤,再静止分层,放出下层液,将上层的物料移至烧杯中,烧杯放入冷水浴,搅拌析晶。当烧杯中液体冷至 25 ℃以下时,减压抽滤,用水洗涤滤饼,抽滤至干,得粗品双酚 A。滤液蒸馏回收甲苯。

(3) 精制

双酚 A 的精制采用重结晶的方法。按粗双酚 A∶水∶二甲苯=1∶1∶6(质量比)的配料投入三口烧瓶中,搅拌加热升温至 92~95 ℃。加热回流15~30 min。停止搅拌,将物料移入分液漏斗中静止分层,放出下层水液后,上层冷却结晶,当冷至 35 ℃以下后,减压抽滤,滤液回收二甲苯,将滤饼双酚 A 烘干⑥、称重。

【表征】

产品为无色结晶粉末,熔点:155~158 ℃,无色结晶粉末,熔点为 155~158 ℃。IR(KBr 压片):3 361.14 cm^{-1}(羟基 O—H 伸缩振动),3 019.55 cm^{-1}

① 苯酚的凝固点很低,在取出使用之前必须先将整个试剂瓶放在 70 ℃热水中熔融。

② 丙酮过量利于苯酚转化,提高收率,但易发生乳化现象。

③ 整个反应过程需要严格控制反应温度在 40 ℃以下,若反应温度过高,丙酮易挥发,若反应温度过低,又不利于产物双酚 A 的生成。

④ 双酚 A 溶于丙酮、甲苯,苯酚微溶于冷水,65 ℃以上与水混溶。

⑤ 洗涤反应液时切勿剧烈震荡,否则反应液易出现乳化现象不好分层。

⑥ 产品应先在 50~60 ℃烘干 4 h,在 100~110 ℃烘干 4 h。

（苯环 C—H 伸缩振动），2 926.27 cm^{-1}、2 854.33 cm^{-1}（甲基 C—H 伸缩振动），1 600.78 cm^{-1}，1 510.32 cm^{-1}（苯环 C—C 骨架振动），1 239.28 cm^{-1}（酚羟基 O—H 弯曲振动）、1 177.84 cm^{-1}（酚羟基 C—O 伸缩振动），827.39 cm^{-1}（苯环对位取代 C—H 面外弯曲振动）。

^{1}H—NMR（氘代 DMSO 为溶剂，TMS 为内标），δ_H(ppm)：9.160（s，酚羟基 H，2H），6.984（d，酚羟基间位苯环 H，J＝8.5，4H），6.646（d，酚羟基邻位苯环 H，J＝8.5，4H），1.530（s，甲基 H，6H）。

【思考题】

（1）滴加丙酮时为什么要控制温度？

（2）水洗时水温的控制依据是什么？

实验七　苯乙酮的制备

【主题词】

羰基化合物制备；Friedel-Crafts 酰基化

【单元反应】

Friedel-Crafts 酰基化反应

【主要操作】

无水操作；滴加；气体捕集

【实验目的】

（1）学习苯和乙酸酐的 Friedel-Crafts 反应。

（2）熟悉 F-C 反应操作特征及应用。

（3）了解一些芳香酮的性质。

【背景材料】

山楂花有令人愉快的香味，多用于肥皂和香料产品的加香，分析成果表明，它的主要成分为对甲氧基苯乙酮。进一步研究表明，许多酮具有令人陶醉的香味，并作为基香。

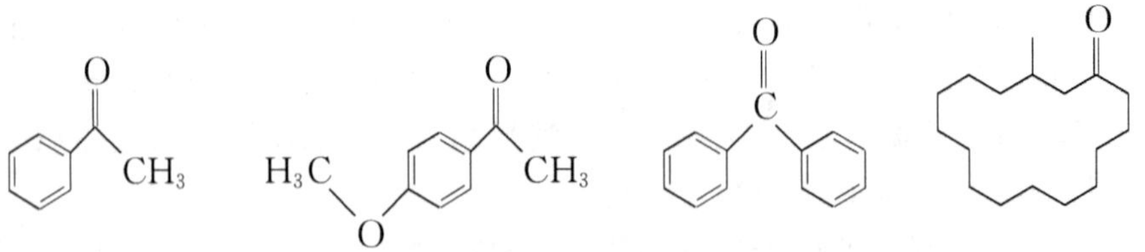

苯乙酮　　对甲氧基苯乙酮　　二苯甲酮　　麝香酮

苯乙酮在 1857 年就由 Friedel 制备出来，在未发现 Friedel-Crafts 反应(F-C 反应)之前由蒸馏苯甲酸钙和乙酸钙的混合物而得。苯乙酮为无色或淡黄色低熔点、低挥发性、有水果香味的油状液体。二苯甲酮为白色固体，是紫外线吸收剂、有机颜料、医药、香料、杀虫剂的中间体。大多数芳香酮是利用 F-C 反应制备的，如香料 4-叔丁基-2,6-二甲基-3,5-二硝基苯乙酮是由间二甲苯经 F-C 烃基化、F-C 酰基化及二硝化而得。

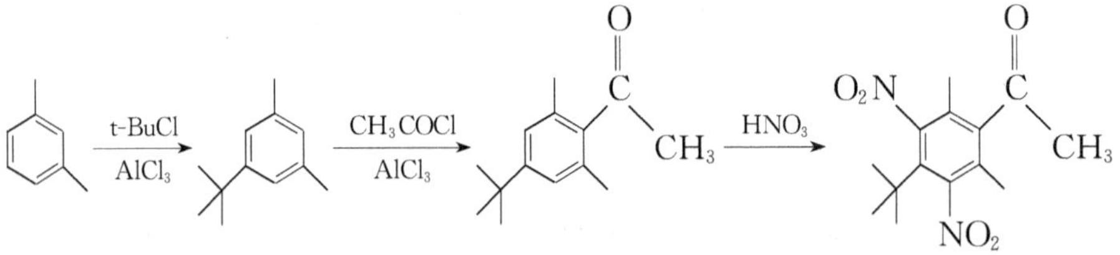

1869 年，Zincke 试着合成 3-苯基丙酸，选择的合成路线为：

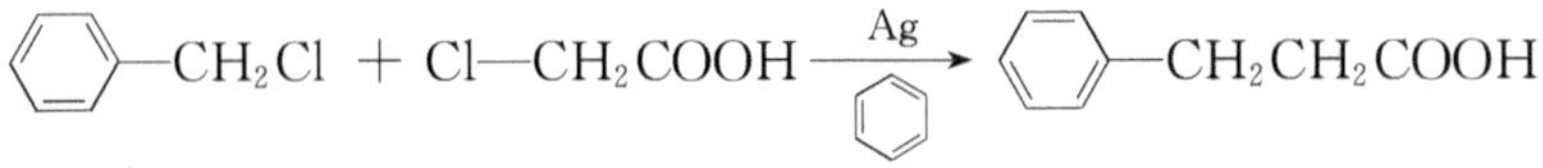

$$C_6H_5—CH_2Cl + Cl—CH_2COOH \xrightarrow[C_6H_6]{Ag} C_6H_5—CH_2CH_2COOH$$

该反应是 Wurtz 反应的修正。Zincke 观察到有大量的 HCl 气体产生，主要产物为二苯甲烷，而不是他所希望得到的苯丙酸。当初，如果 Theoder Zincke 能够研究和总结实验失败的原因，那么，如今的 F-C 反应则要成为 Zincke 反应。

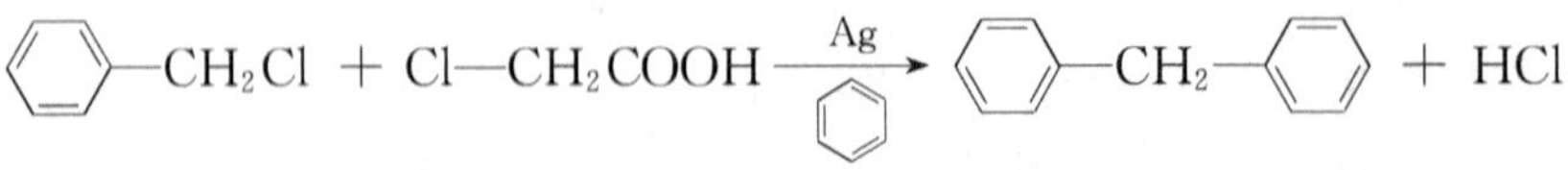

$$C_6H_5—CH_2Cl + Cl—CH_2COOH \xrightarrow[C_6H_6]{Ag} C_6H_5—CH_2—C_6H_5 + HCl$$

四年后，法国化学家 Charles Friedel 在观察学生做 Wurtz 反应实验时，用 Zn 作催化剂，发现反应非常剧烈，Friedel 帮助学生除去反应中的 Zn 催化剂，反应仍然剧烈，尽管没有资料记录 Friedel 当时的思维过程，但他一定认为此反应很有意义。1877 年，Friedel 和他的同事美国化学家 Charles Mason Crafts 发表了一篇论文，论述了 F-C 反应是一个重要的有机合成方法。他们的发现很简单——使用金属氯化物代替金属催化有机氯化物和芳香烃的反应，且发现了无水 $AlCl_3$ 最有效。

【实验原理】

芳香酮一般利用 Friedel-Crafts 反应，使芳香烃与酸酐或酰氯在无水 $AlCl_3$ 作为催化剂下，回流反应而得。实验中使用酸酐比酰氯操作简单且产量高。反应需要多于 1∶1(摩尔比)的 $AlCl_3$ 为催化剂。使用酰氯，则 $AlCl_3$ 的投入量为 1∶1.5，因为 $AlCl_3$ 与酸酐及生成的芳酮形成络合物，因而使用酸酐的话，$AlCl_3$ 的投入量为 1∶2～3。反应过程中，芳香烃要过量，作为溶剂使用，当然也可以使用另外的溶剂(CH_3Cl、CS_2)。此反应为放热反应，应慢慢滴加。反应完毕，倒入冰水混合物中，分解 $AlCl_3$，蒸出有机溶剂，获得产物，反应式如下：

$$C_6H_6 + CH_3C(=O)-O-C(=O)CH_3 \xrightarrow{\text{无水 } AlCl_3} C_6H_5C(=O)CH_3 + CH_3COOH$$

以苯与乙酸酐或乙酰氯在无水三氯化铝催化下发生 Friedel-Crafts 酰基化反应而得目标产物苯乙酮，反应式如下：

$$C_6H_6 + CH_3C(=O)-Cl \xrightarrow{\text{无水 } AlCl_3} C_6H_5C(=O)CH_3 + HCl$$

【预习内容】

(1) 无水操作的注意事项及无水苯的制备方法。

(2) 查找下列化合物的物化数据，将数据填入表 3-2。

表 3-2 相关化合物的物化数据

化合物名称	颜色状态	熔、沸点	密度	溶解性	摩尔质量	气味毒性
苯乙酮						
苯						
乙酸酐						
无水硫酸镁						
盐酸						

【仪器与试剂】

(1) 仪器:可调温电热套;电动搅拌器;三口烧瓶;滴液漏斗;分液漏斗;回流冷凝管;真空泵;电子天秤

(2) 试剂:无水三氯化铝;苯;醋酸酐;无水氯化钙;浓盐酸;冰;乙醚;5% NaOH;无水 $MgSO_4$

【实验操作】

(1) 实验准备

在 100 mL 三口烧瓶中①,加入 25 mL 无噻吩苯(283.7 mmol)和 20 g 无水 $AlCl_3$(150.0 mmol)②。回流冷凝管上口接氯化钙干燥管,干燥管再与 HCl 吸收系统连接③。

(2) 合成苯乙酮

慢慢滴加 6 mL 醋酸酐(63.5 mmol),开始可先滴几滴,待反应发生后再继续滴加④。边滴加醋酸酐边搅拌,约 15～20 min 滴加完毕⑤,待反应缓和后,用水浴加热回流,直至不再有 HCl 放出为止(约需 30 min)。

(3) 分离

将反应液冷却至室温,在搅拌下倒入盛有 50 mL 质量分数为 36%的浓盐酸和 50 g 碎冰的烧杯中进行水解(在通风橱或室外进行),若水解后有固体不

---

① 实验所用全部仪器确保无水。

② 动作要迅速,防止吸水。

③ 用 5%的 NaOH 水溶液作 HCl 吸收剂,并注意防止倒吸。

④ 要防止滴加的醋酐没有反应,积累过多,一旦反应,失去控制。

⑤ 此反应为放热反应,应控制滴加速度,勿使反应过于剧烈,以三口烧瓶稍热为宜。

溶物[$Al(OH)_3$]可加少量盐酸使之溶解。把混合液体转移到分液漏斗中，分出有机相，水相用 50 mL 乙醚分两次提取，提取液与有机相合并，依次用等体积的 5% NaOH 水溶液和水各洗一次，经无水 $MgSO_4$ 干燥，先在水浴上蒸出无水乙醚和大量的苯，然后在石棉网上加热，继续蒸馏到 90～100 ℃停止蒸馏，将冷凝管改为空气冷凝管，继续蒸馏，收集 198～202 ℃的馏分。

【表征】

产品为无色透明液体。IR(KBr 压片)：3 089.20～3 008.59 cm^{-1}(苯环 C—H 伸缩振动)，2 969.33 cm^{-1}(甲基 C—H 伸缩振动)，1 691.71 cm^{-1}(羰基 C=O 伸缩振动)，1 601.39～1 450.12 cm^{-1}(C=O 与苯环共轭、苯环 C—C 骨架振动)，1 266.68 cm^{-1}(芳香酮骨架振动)。^1H—NMR($CDCl_3$ 为溶剂，TMS 为内标)，δ_H(ppm)：7.961～7.464(5H，—C_6H_5)，2.605(3H，—CH_3)。

【思考题】

(1) 写出 F-C 反应的反应机理。

(2) 画出实验过程的流程图。

(3) 由乙苯为初始原始合成万山麝香(Versalide)，此化合物结构式如下：

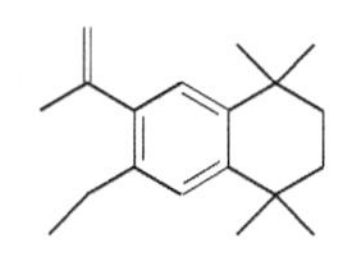

实验八 十二烷基二甲基甜菜碱的合成

【主题词】

两性表面活性剂；甜菜碱型

【单元反应】

亲核取代反应

【主要操作】

无水操作；机械搅拌；气体吸收

【实验目的】

（1）了解甜菜碱型两性离子表面活性剂的性质、用途及合成方法。

（2）掌握最大气泡法测定表面张力的操作。

（3）学习表面活性剂临界胶束浓度测定的方法。

【背景材料】

两性表面活性剂是指同时具有阴离子和阳离子亲水基所组成的表面活性剂，即在分子中既有阳离子（＋）亲水基，也有阴离子（－）亲水基的表面活性剂。由铵盐构成阳离子部分叫氨基酸型两性表面活性剂；由季铵盐构成阳离子部分叫甜菜碱型两性表面活性剂。如十二烷基二甲基甜菜碱（dodecyl dimethyl betaine），又名 BS－12，也称为十二烷基二甲基胺乙内酯，属两性离子表面活性剂，分子中阴离子为羧基，阳离子为季铵离子，为无色或浅黄色透明黏稠液体，有良好的去污、起泡、渗透和抗静电性能，无论在酸性、碱性和中性条件下都溶于水，即使在等电点也无沉淀，且在任何 pH 值时均可使用；杀菌作用温和，刺激性小。可与任何类型的表面活性剂配合使用。

临界胶束浓度是评价表面活性剂的重要特性指标，是分子在溶剂中缔合形成胶束的最低浓度。当溶液达到临界胶束浓度（CMC）时，溶液的表面张力降至最低值，此时再增加表面活性剂浓度，溶液表面张力不再降低而是形成大量胶团（胶束），此时溶液的表面张力就是该表面活性剂能达到的最小表面张力 σ_{CMC}。溶液表面表面活性剂分子的定向排列与溶液内部胶束的形成如图 3－2。

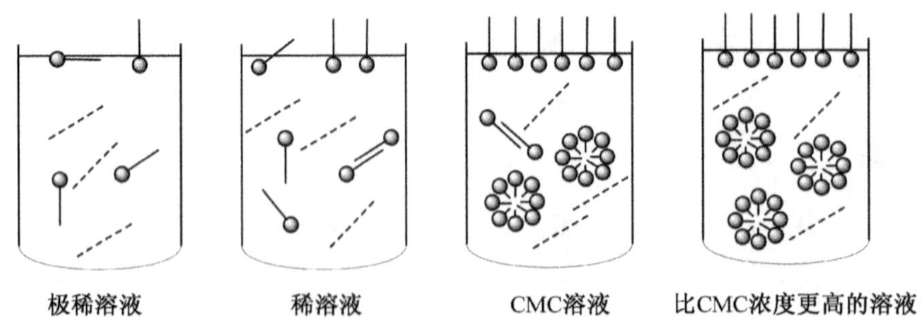

图 3－2　溶液表面表面活性剂分子的定向排列与溶液内部胶束的形成

【实验原理】

（1）十二烷基二甲基甜菜碱的合成：以 N，N－二甲基十二烷胺和氯乙酸钠为原料，在 60～80 ℃下发生亲核取代反应而成。反应式为：

$$C_{12}H_{25}-N(CH_3)_2 + ClCH_2COONa \longrightarrow C_{12}H_{25}-\overset{+}{N}(CH_3)_2-CH_2COO^- + NaCl$$

（2）临界胶束浓度测定方法：配制不同浓度的溶液，用最大气泡法测定溶液表面张力 σ，然后，以浓度的常用对数 lg*C* 为横坐标、表面张力为纵坐标，绘制 σ-lg*C* 曲线，如图 3－3 所示，曲线最低点即为临界胶束浓度 CMC。

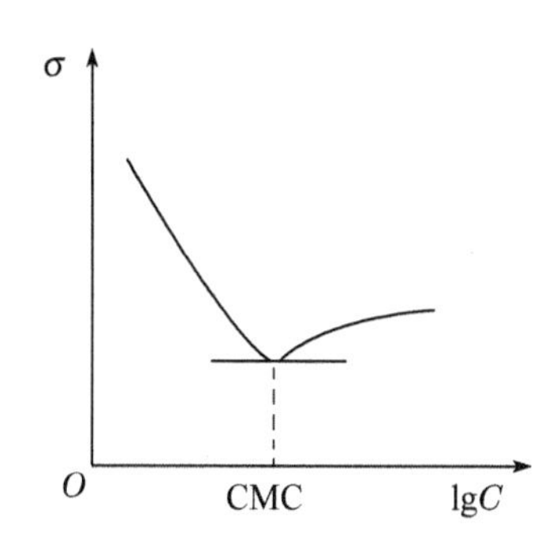

图 3－3　浓度常用对数与表面张力曲线图

【预习内容】

（1）表面张力的测定方法有哪些？

（2）最大气泡法测定表面张力的实验步骤？

【仪器与试剂】

（1）仪器：三口烧瓶；电动搅拌器；温度计；球形冷凝管；最大气泡法表面张力仪；熔点仪；电子天秤

（2）试剂：N，N－二甲基十二烷胺；氯乙酸钠；乙醇；盐酸；蒸馏水；乙醚

【实验步骤】

（1）实验准备

在装有搅拌器、温度计和球形冷凝管的 250 mL 三口烧瓶①中加入 10.7 g

① 玻璃仪器必须干燥。

(50.2 mmol)N,N-二甲基十二烷胺、5.8 g(49.8 mmol)氯乙酸钠和 30 mL 50%(V/V)乙醇水溶液。

(2) 亲核取代反应

将上述混合物放入水浴中加热回流,至反应液变成透明为止。

(3) 分离与提纯

反应液冷却后,在搅拌下滴加质量分数为 36.5%浓盐酸,直至出现乳状液不再消失为止①,放置过夜。第二天,十二烷基二甲基甜菜碱盐酸盐结晶析出,过滤。用 20 mL 乙醇和水(1∶1)的混合溶液分两次洗涤②,滤饼烘干。再用乙醚∶乙醇=2∶1 溶液重结晶,得精制的十二烷基二甲基甜菜碱,用熔点仪测量熔点,计算产物收率。

(4) 表面活性剂溶液配制

用上述制备的十二烷基二甲基甜菜碱配制 10 个不同浓度的溶液(包括预期的临界胶束浓度),每一种浓度配制 100 mL,如浓度低于 1.0 mmol/L,用含有 1.0 mmol/L 的溶液稀释。

(5) 表面张力测定

盛有试样溶液的每只烧杯各用一块表面皿盖上,将烧杯置于控温的水浴中,静置 3 小时以上,用最大气泡法表面张力仪③测定各溶液的表面张力 σ。

(6) 临界胶束浓度的求解

以浓度的常用对数 $\lg C$ 为横坐标、不同浓度测定的表面张力为纵坐标,绘制 σ-$\lg C$ 曲线,曲线最低点(最小表面张力,σ_{CMC})对应的浓度即为临界胶束浓度 CMC。

【实验数据记录与处理】

将实验测定的数据填入表 3-3。

---

① 滴加浓盐酸至乳状液不再消失即可,不要太多。

② 洗涤滤饼时,要定量,不可多加。

③ 用最大气泡压力法来测量表面张力时,毛细管尖端要刚好接触液面。如果毛细管尖端插入液下,会造成压力,不只是液体表面的张力,还有插入部分液体的压力。结果准确的关键在于仪器必须洗涤清洁,毛细管应保持垂直,其端部应保持平整,溶液恒温后;体积略有改变,应注意毛细管平面与液面接触处要相切,控制好出泡速度、使平稳地重复出现压力差。

表 3－3　实验测定的浓度与表面张力对应表

序号	浓度(mmol/L)	lgC	表面张力 σ(mN/m)
1	0.1		
2	0.2		
3	0.4		
4	0.6		
5	0.8		
6	1.0		
7	1.2		
8	1.4		
9	1.8		
10	2.0		
结果	CMC＝		σ_{CMC}＝

【鉴定】

溴酚蓝法(标定阳离子):将合成所得 BS－12 配成质量分数为 0.1 的水溶液,取试样 1 滴,加入 5 mL 0.1%溴酚蓝溶液,再加氯仿 5 mL,滴几滴稀盐酸,激烈振摇混合。氯仿层出现蓝色,证明试样含有季铵盐阳离子结构,两性物质使氯仿层产生色移动。

亚甲蓝法(标定阴离子):取上步配制的质量分数为 0.1 的 BS－12 试样水溶液 1 滴,加 0.1%亚甲蓝溶液 5 mL,再加氯仿 5 mL,滴几滴 1 N NaOH 溶液,猛烈摇动,氯仿层出现蓝色,证明试样含有阴离子结构。两性物质使氯仿层产生色移动。

【思考题】

(1) 两性表面活性剂有哪几类? 其在工业和日用化工方面有哪些用途?

(2) 甜菜碱型与氨基酸型两性表面活性剂相比其性质的最大差别是什么?

实验九　增塑剂邻苯二甲酸二丁酯的合成

【主题词】

增塑剂;邻苯二甲酸二丁酯

【单元反应】

酯化反应

【主要操作】

分水;回流;减压蒸馏;干燥

【实验目的】

(1) 熟悉增塑剂的增塑原理。
(2) 学习邻苯二甲酸二丁酯的制备原理和方法。
(3) 学习分水器的使用方法,掌握减压蒸馏等操作。

【背景材料】

邻苯二甲酸二丁酯大量作为增塑剂使用,称为增塑剂 DBP,是硝基纤维素的优良增塑剂,凝胶化能力强,用于硝基纤维素涂料,有良好的软化作用。稳定性、耐挠曲性、黏结性和防水性均优于其他增塑剂。邻苯二甲酸二丁酯也可用作聚醋酸乙烯、醇酸树脂、硝基纤维素、乙基纤维素及氯丁橡胶、丁腈橡胶的增塑剂。还可用作涂料、黏结剂、染料印刷油墨、织物润滑剂的助剂。

【实验原理】

邻苯二甲酸二丁酯通常由邻苯二甲酸酐(苯酐)和正丁醇在强酸(如浓硫酸)催化下反应而得。反应经过两个阶段,第一阶段是苯酐的醇解得到邻苯二甲酸单丁酯,这一步很容易进行,稍稍加热,待苯酐固体全熔后,反应基本结束。

反应的第二阶段是邻苯二甲酸单丁酯与正丁醇的酯化得到邻苯二甲酸二丁酯,这一步为可逆反应,反应较难进行,需用强酸催化和在较高的温度下进行,且反应时间较长。为使反应向正反应方向进行,常使用过量的醇以及利用分水器将反应过程中生成的水不断地从反应体系中除去。加热回流时,正丁醇与水形成二元共沸混合物(沸点 92.7 ℃,含醇 57.5%),共沸物冷凝后的液体进入分水器中分为两层,上层为含 20.1%水的醇层,下层为含 7.7%醇的水层,上层的正丁醇可通过溢流返回到烧瓶中继续反应,考虑到副反应的发生,反应温度又不宜太高,控制在 180 ℃以下,否则,在强酸存在下,会引起邻苯二甲酸二丁酯的分解。实际操作时,反应混合物的最高温度一般不超过 160 ℃。

$$C_6H_4(CO)_2O \xrightarrow[H_2SO_4]{C_4H_9OH} C_6H_4(COOC_4H_9)(COOH) \underset{H_2SO_4\ \text{回流分水}}{\overset{C_4H_9OH}{\rightleftharpoons}} C_6H_4(COOC_4H_9)_2$$

【预习内容】

(1) 熟悉提高酯化反应收率的方法及原理。

(2) 分水器使用方法与分水原理。

【仪器与试剂】

(1) 仪器:三口烧瓶;温度计;分水器;分液漏斗;玻璃棒。

(2) 试剂:邻苯二甲酸酐;正丁醇;沸石;98%浓硫酸;5%碳酸钠溶液;饱和食盐水;无水硫酸镁。

【实验操作】

(1) 实验准备

在一个干燥的 100 mL 三口烧瓶中加入 7.4 g(0.05 mol)邻苯二甲酸酐、15 mL(0.16 mol)正丁醇和几粒沸石,在振摇下缓慢用滴管滴加 3 滴 98%浓硫酸①。三口烧瓶的一口插上分水器,在分水器中加入正丁醇至支管平齐,分水器上插上回流冷凝管,一口插入一支 200 ℃的温度计(水银球浸没液面但不可接触烧瓶底),加料口用塞子塞上。

---

① 为了保持浓硫酸的浓度,反应仪器尽量干燥。浓硫酸的量不宜太多,避免增加正丁醇的副反应以及使产物在高温时的分解。

（2）酯化反应

缓慢升温，使反应混合物微沸约① 15 min后，烧瓶内固体完全消失。继续升温到回流，此时逐渐有正丁醇和水的共沸物蒸出，经过冷凝回到分水器中，有小水珠逐渐流到分水器的底部，当反应温度升到150 ℃时便可停止加热②。记下反应的时间（一般在1.5～2.0 h）。

（3）后处理

当反应液冷却到70 ℃以下时，拆除装置。将反应混合液倒入分液漏斗，用5%碳酸钠溶液中和③后，有机层用10 mL温热的饱和食盐水洗涤2～3次，至有机层呈中性④，分离出的油状物，用无水硫酸镁干燥至澄清。用倾斜法除去干燥剂，有机层倒入50 mL的圆底烧瓶，先用减压蒸馏回收过量的正丁醇，然后，在减压下蒸馏，收集180～190 ℃/1.33 kPa（10 mmHg）或200～210 ℃/2.67 kPa（20 mmHg）的馏分，称取质量。

【表征】

邻苯二甲酸二丁酯为无色透明液体，熔点：－35 ℃。IR（KBr压片）：2 961.20 cm^{-1}（苯环C—H伸缩振动），2 936.51 cm^{-1}、2 875 cm^{-1}（烃基甲基、亚甲基C—H伸缩振动），1 726.22 cm^{-1}（酯基C═O伸缩振动），1 600.08 cm^{-1}，1 580.54 cm^{-1}（苯环C—C骨架振动），1 286.34 cm^{-1}、1 175.23 cm^{-1}（分别为酯基C—O—C非对称伸缩振动和对称伸缩振动），745.73 cm^{-1}（苯环邻位取代C—H面外弯曲振动）；^{1}H—NMR（$CDCl_3$为溶剂，TMS为内标），δ_H(ppm)：7.70（s，酯基邻位苯环H，2H），7.53（q，酯基间位苯环H，2H），4.30（t，—CH_2OOCPh，2H），1.70（m，—CH_2CH_2OOCPh，2H），1.44（m，—$CH_2(CH_2)_2OOCPh$，2H），0.97（t，—$CH_3(CH_2)_3OOCPh$，3H）。

---

① 开始加热时必须慢慢加热，待苯酐固体消失后，方可提高加热速度，否则，苯酐遇高温升华附着在瓶壁上，造成原料损失而影响产率。单酯生成后必须慢慢提高反应温度，在回流下反应，否则酯化速度太慢，影响实验进度。若加热至140 ℃后升温速度很慢，则此时可加1滴浓硫酸促进之。

② 反应终点控制：以分水器中没有水珠下沉为标志，但反应最高温度不得超过180 ℃，以在160 ℃以下为宜。

③ 产物用碱中和时，温度不得超过70 ℃，碱浓度也不宜过高，否则引起酯的皂化反应。当然中和温度也不宜太低，否则摇动时易形成稳定的乳浊液，给操作造成麻烦。

④ 必须彻底洗涤粗酯，确保中性，否则在最后减压蒸馏时，因温度很高（＞180 ℃），若有少量酸存在会使产物分解，则在冷凝管可观察到针状的邻苯二甲酸酐固体结晶。

【思考题】

(1) 由邻苯二甲酸酐和正丁醇合成邻苯二甲酸二丁酯的反应机理。
(2) 制备邻苯二甲酸二丁酯为什么用正丁醇作为带水剂。

实验十　对硝基苯甲醚的合成

【主题词】

相转移催化;对硝基苯甲醚

【单元反应】

O-烷基化反应

【主要操作】

回流;分液;重结晶;减压抽滤;蒸馏

【实验目的】

(1) 了解相转移催化反应的原理。
(2) 学习气相色谱的使用方法。

【背景材料】

对硝基苯甲醚(p-Nitroanisole)又称对硝基茴香醚,为黄色结晶。对硝基苯甲醚是合成对氨基苯甲醚等化合物的重要前期物质,是合成颜料、染料和医药的重要中间体,例如生产对氨基苯甲醚、维生素 B、蓝色盐等。

【实验原理】

对硝基氯苯与甲醇在碱性条件下发生亲核取代反应醚化合成对硝基苯甲醚①,反应方程式如下:

---

① 以对硝基氯苯制备对硝基苯甲醚的优点是对硝基氯苯在常压下即可发生甲氧基化。

$$p\text{-}ClC_6H_4NO_2 + CH_3OH + NaOH \longrightarrow p\text{-}CH_3OC_6H_4NO_2 + NaCl + H_2O$$

对硝基氯苯处于有机相，甲醇和 NaOH 处于水相，反应进行非常缓慢。采用相转移催化剂催化，可大大加快反应速率。

相转移催化反应原理①：一种催化剂能加速分别处于互不相溶的两种溶剂中的物质的反应。反应时，催化剂把一种实际参加反应的实体(负离子)从水相转移到有机相中，以便使它与底物相遇发生反应，并把反应中的另一种负离子带入水相中，而相转移催化剂没有消耗，重复地起"转送"负离子的作用。常见的相转移催化剂主要是季铵盐，如三乙基苄基氯化铵，以 Q^+X^- 表示，反应机理如下：

$$CH_3OH + NaOH \rightleftharpoons CH_3ONa + H_2O$$

水相　$Q^+X^- + CH_3ONa \rightleftharpoons Q^+O^-CH_3 + NaX$

有机相　$Q^+X^- + CH_3O\text{—}C_6H_4\text{—}NO_2 \rightleftharpoons Q^+O^-CH_3 + X\text{—}C_6H_4\text{—}NO_2$

相转移催化技术是 20 世纪 70 年代发展起来的一种新型催化技术，目前已广泛应用于置换反应、氧化反应、烷基化反应、酰基化反应、聚合反应等。

【预习内容】

(1) 相转移催化反应机理。

(2) 亲核取代反应机理。

【仪器与试剂】

(1) 仪器：三口烧瓶；电动搅拌器；球形冷凝管；分液漏斗；温度计；熔点测定仪；傅立叶红外光谱仪；核磁共振仪

① 相转移催化反应的优点如下：(1) 不要求无水操作，相转移催化反应可以在水和有机溶剂两相反应；(2) 加快反应速率；(3) 降低反应温度；(4) 产品收率高，相转移催化剂的作用，使反应物充分接触，因而反应比较彻底；(5) 合成操作简便，降低了温度压力等，对设备要求强度低，操作也较简单；(6) 避免使用常规方法所需的危险试剂；(7) 广泛适应于各种合成反应，并有可能完成使用其他方法不能实现的合成反应。

(2) 试剂:对硝基氯苯;甲醇;三乙基苄基氯化铵;30%(ω/ω)氢氧化钠水溶液。

【实验步骤】

(1) 实验准备

在装有电动搅拌器及球形冷凝管的 250 mL 三口烧瓶中,加入 15.8 g (0.1 mol)对硝基氯苯、1.2 g(0.005 mol)三乙基苄基氯化铵、20 mL (0.7 mol)甲醇。

(2) 醚化反应

加热至回流(70 ℃),滴加 30 g 预热至 65 ℃的 30%(ω/ω)氢氧化钠①,滴毕,加热回流反应 1 h,升温至 80 ℃,继续反应 2 h。

(3) 分离

反应毕,反应混合物倒入冰水中②,减压抽滤,滤饼用乙醇重结晶并测定熔点;将乙醇液蒸馏回收(可重复使用),待蒸出回收大部分乙醇后加入少量水,摇动,冷却,抽滤,水洗,得浅黄色结晶(第二批产品)。产物干燥称重;用熔点测定仪测定熔点;用红外光谱及氢核磁共振谱表征。

【表征】

熔点 54.1 ℃。^1H—NMR(400 MHz,$CDCl_3$),δ:3.92(3H,s),8.21(2H,d),6.97(2H,d)。IR(KBr 压片):3 093.84 cm^{-1}、3 020.93 cm^{-1}(苯环 C—H 伸缩振动),2 868.84 cm^{-1}(甲基 C—H 伸缩振动);1 529.42 cm^{-1}(—NO_2 不对称伸缩振动),1 358.22 cm^{-1}(—NO_2 对称伸缩振动),1 583.93 cm^{-1}(苯环 C═C 骨架振动),1 258.07 cm^{-1}、1 058.15 cm^{-1}(醚键 C—O—C 伸缩振动),855.22 cm^{-1}(芳环对位取代 C—H 面外弯曲振动)。

【思考题】

(1) 相转移催化反应的优点有哪些?

---

① 首先是溶解在水相中的甲醇与氢氧化钠反应,生成 CH_3ONa,CH_3ONa 是一个强碱,CH_3O^- 具有很强的亲核性,由于对硝基氯苯中氯原子的对位有很强的吸电基—NO_2 的存在,与氯原子相连的芳环碳原子电子云密度较少,具有较强的接受电子的能力,易于受到亲核试剂 CH_3O^- 的进攻而发生芳香族亲核取代反应。

② 对硝基苯甲醚不溶于水,溶于乙醇、乙醚等多数有机溶剂。

(2) 除季铵盐外还有哪些相转移催化剂?

实验十一　α-苯基吲哚的制备

【主题词】

Fischer 吲哚合成法;吲哚;苯腙;杂环合成

【单元反应】

酮与肼的加成缩合;[3,3]重排;环合反应

【主要操作】

共沸分水;真空抽滤;混合溶剂;重结晶

【实验目的】

(1) 学会用苯乙酮与苯肼制备 α-苯基吲哚的方法。
(2) 掌握 Fischer 吲哚合成法的反应机理。
(3) 了解有关天然吲哚的生理作用。

【背景材料】

许多化合物的结构中含有吲哚环。从植物生长调节剂到心脏病治疗药物,几乎所有具有生理活性的吲哚环在其 3 位碳原子上有一个取代基,而在其 2 位碳上则没有取代基,这是为什么呢? 经过研究发现,在生理作用过程中,吲哚环 2 位碳原子的位置上很容易连接一个接受体,使得吲哚环的生物活性得以表现出来。如植物生长调节剂吲哚乙酸、中成药六神丸中的蟾酥碱、降压药物利血平。

蟾酥碱存在于植物芦竹的根和茎及动物蟾蜍的体内,具有类似肾上腺素的增压作用。利血平存在于印度的草药蛇根草中,其根、皮、叶及乳汁均可药用,用于解热镇痛以及镇静、镇定,特别是对高血压有较好的疗效,且毒性小,使用安全。另外,作为人体所必需的氨基酸之一的色氨酸也是 3 位碳上的取代基,它在人体内不能合成,只能从动植物中摄取。

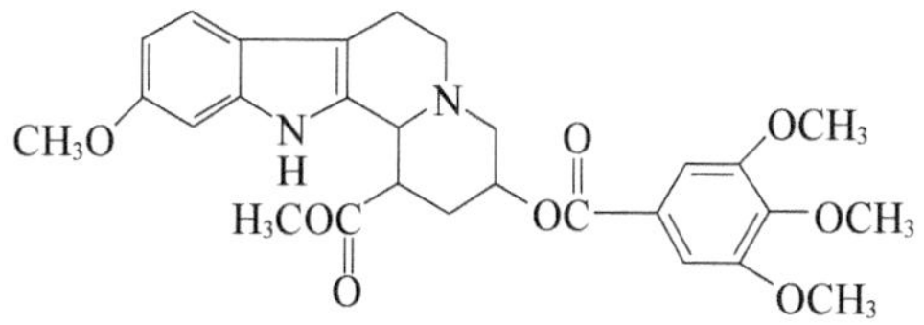

利血平 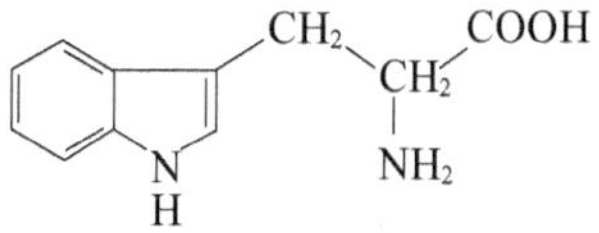　　蟾酥碱

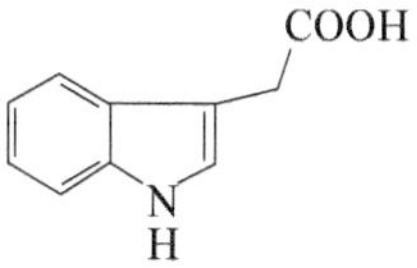

吲哚乙酸 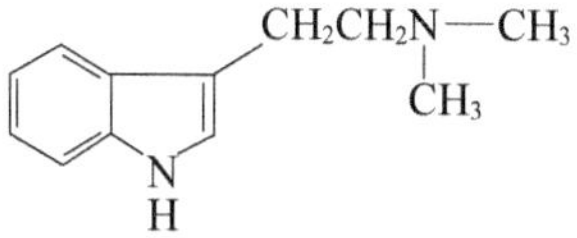　　色氨酸

本实验制备的α-苯基吲哚无生理活性，可用作食品级塑料添加剂，如作为乳液法聚氯乙烯的热稳定剂。α-苯基吲哚经N-甲基化成N-甲基-2-苯基吲哚，主要用于合成阳离子橙2GL、阳离子红BL和阳离子红2GL等染料。

【实验原理】

在吲哚环的合成中常用的方法就是Fischer合成法。此法从醛和酮的苯腙出发，伴随着N-N键的断裂而形成吲哚。用同位素^{15}N进行跟踪实验，表明其反应式及反应机理如下：

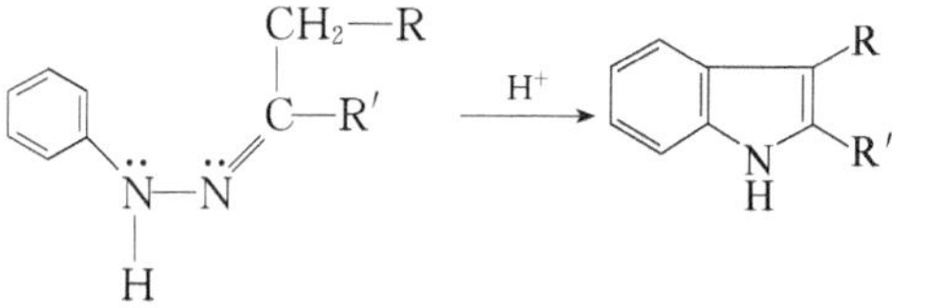

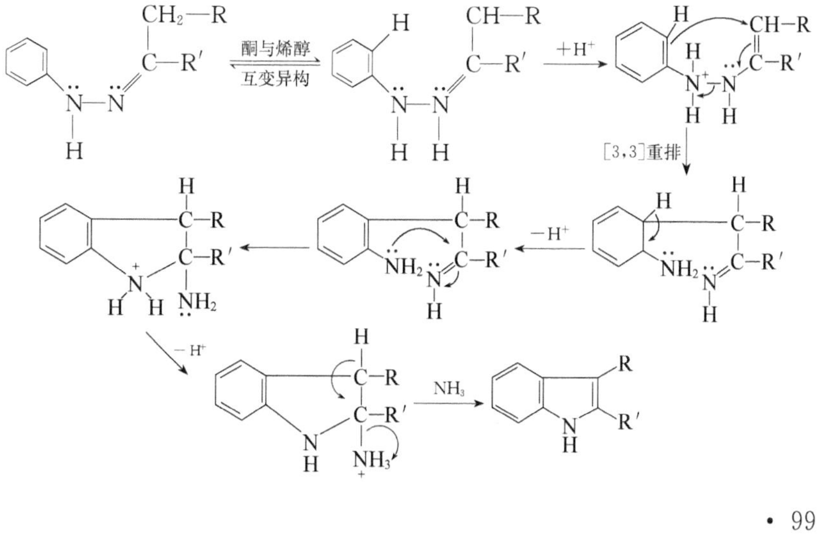

改变其中的R、R′，可以得到相应的吲哚。如用这种方法可以合成存在于灵猫香中的3-甲基吲哚、作为定香剂的2-甲基吲哚。

本实验就是用Fischer法合成α-苯基吲哚(2-Phenylindole)。它先由苯肼与苯乙酮缩合形成苯腙，在酸存在下发生重排反应闭环而得：

$$C_6H_5NH-NH_2 + C_6H_5C(=O)CH_3 \xrightarrow{-H_2O} C_6H_5NH-N=C(CH_3)C_6H_5 \xrightarrow{ZnCl_2} \text{2-苯基吲哚}$$

除此方法外，还可以将溴代苯乙酮与过量的苯肼加热反应，或将N-(α-甲基苯基)苯甲酰胺和乙醇钠隔绝空气于360～380 ℃加热，都可以获得α-苯基吲哚。

【预习内容】

(1) 分水器共沸分水原理；

(2) 重结晶的方法及其操作。

【仪器与试剂】

(1) 仪器：可调温电热套；分水器；电动搅拌器；250 mL三口烧瓶；回流冷凝管；烧杯；布氏漏斗；抽滤瓶；真空泵；真空干燥器；电子天秤

(2) 试剂：苯乙酮；苯肼；二甲苯、冰乙酸；氯化锌；浓盐酸；刚果红试纸；95%乙醇；活性炭

【实验步骤】

(1) 实验准备

在回流冷凝管下端接有分水器[①]的三口烧瓶中依次加入24.5 g(204.1 mmol)苯乙酮，23.0 g(212.8 mmol)游离苯肼及30 g二甲苯，搅拌下加入0.5 mL(8.7 mmol)冰乙酸。

---

① 一种有机溶剂与水在室温下互不相溶但可共沸，其密度比水小，反应回流时，溶剂与水在分水器中分层，水积在分水器下部，溶剂返流到反应体系里去。

(2) 反应

加热至 90 ℃保温缩合反应 1 h,然后,冷至 90 ℃以下,在上述三口烧瓶中迅速加入 41.0 g(298.8 mmol)固体 $ZnCl_2$,缓慢加热到 130 ℃,开始有液体蒸出,在 1～1.5 h 内升温至 195 ℃,在升温过程中不断有水和二甲苯共沸蒸出,在 195～200 ℃下搅拌 0.5 h 后,倒入备有 125 mL 水和 25 mL 浓盐酸的烧杯中,酸煮 1 h 后,抽滤,滤饼用水洗至刚果红试纸不变蓝①,得粗品。

(3) 脱色、精制

粗品用 95%乙醇重结晶(干燥每克粗产品的乙醇用量约 15 mL),样品水浴加热溶解后稍冷却,再加入适量活性炭脱色②,用事先预热的抽滤瓶和布氏漏斗趁热过滤,残渣用约 8 mL 95%乙醇溶液洗涤,合并滤液,静置、冷至室温,析出固体,减压抽滤,用少量 95%的冷乙醇溶液洗涤产物,干燥、称重,真空烘干,测定熔点。

【表征】

2-苯基吲哚,黄色或酱红色叶状结晶,熔点:188～189 ℃;溶于乙醚、乙酸、氯仿、热二硫化碳。微溶于热水,不溶稀无机酸。IR(KBr 压片):3 442.14 cm^{-1}(吲哚 N—H 伸缩振动),3 050.32 cm^{-1}(吲哚环及苯环 C—H 伸缩振动),1 602.06 cm^{-1},1 542.67 cm^{-1}、1 480.23 cm^{-1}(吲哚环及苯环 C—C 骨架振动),1 352.38 cm^{-1}、1 240.54 cm^{-1}(吲哚环 C—H 伸缩振动),764.66 cm^{-1},741.78 cm^{-1},689.55 cm^{-1}(苯环 C—H 面外弯曲振动);^{1}H—NMR(400 MHz,氘代 DMSO,TMS),11.55(s,1H),7.87(d,J=7.2 Hz,2H),7.54(dd,J=7.6,7.2 Hz,2H),7.46(d,J=7.6 Hz,1H),7.42(d,J=7.6 Hz,1H),7.31(dd,J=7.6,7.6 Hz,1H),7.11(dd,J=7.6,7.6Hz,1H),7.01(dd,J=7.6,7.6 Hz,1H),6.90(s,1H)。

【思考题】

(1) 加入的 $ZnCl_2$ 起什么作用?

(2) 本实验所用的带水剂是什么,选择带水剂的原则是什么?

(3) 产物用 95%乙醇重结晶,说明产物在乙醇中的溶解度是怎样的?

---

① 刚果红试纸本色为浅红色,变色范围为 3.5～5.2,遇酸为蓝色,遇碱又变为红色。

② 活性炭在水中脱色效果最强,有机溶剂中较弱。用于脱色时一般加 3%(W/V)左右,搅拌 30～60 min。

实验十二　正丁醇脱氢制备正丁醛

【主题词】

脱氢;正丁醇,制备;正丁醛;管式炉

【单元反应】

脱氢反应

【主要操作】

管式炉反应;冷凝;精馏;气相色谱;红外光谱

【实验目的】

(1) 掌握醇脱氢生成醛的工艺条件,领会原料回收循环套用的理念。

(2) 了解管式炉反应器的使用方法,掌握反应温度控制和测量方法及加料的控制与计量方法。

(3) 掌握产物的分析测试方法。

【背景材料】

丁醛是重要的化工原料,由正丁醛加氢可制取正丁醇;缩合脱水然后加氢可制取 2-乙基己醇,而正丁醇和 2-乙基己醇是增塑剂的主要原料。正丁醛氧化可制取正丁酸;与甲醛缩合制取的三羟甲基丙烷,是合成醇酸树脂的增塑剂和空气干燥油的原料;与苯酚缩合制取油溶性树脂;与尿素缩合可制取醇溶性树脂;与聚乙烯醇、丁胺、硫脲、二苯基胍或硫化氨基甲酸甲酯等缩合而得的化合物是制取层压安全玻璃的原料和胶粘剂,与各种醇类的缩合物作赛璐珞;作为树脂、橡胶和医药产品的溶剂,是合成增塑剂、合成树脂、橡胶促进剂、杀虫剂等重要的中间体原料;医药工业用于合成"眠尔通""乙胺嘧啶"和氨甲丙二酯等;也用于香精、香料的制备,自然界中的花、叶、果、草、奶制品、酒类等多种精油中含有丁醛,通常先稀释后再配入香精,对于协调与增加头香的飘逸性起一定的效果。

【实验原理】

醇在各种催化剂上很容易进行脱氢。实验在 550～600 ℃，正丁醇通过黄铜催化剂脱氢生成正丁醛。反应在普通的催化实验装置中进行，但用一端冷却的铜管作反应器，放在垂直安放的管式炉内。反应管长约 600 mm，直径约 40 mm。在管的下端焊上直径为 10 mm 的较细的管子。用捣碎的黄铜屑 240 g 作催化剂，装入高度为 35 cm。由反应管下部装入一层铜网，将催化剂支撑住。用热电偶控制温度。热电偶放在插到催化剂中部的铜套管内。管式反应炉正丁醇脱氢制正丁醛反应装置如图 3－4。

$$CH_3CH_2CH_2CH_2OH \xrightarrow[-H_2]{\text{黄铜}} CH_3CH_2CH_2CHO$$

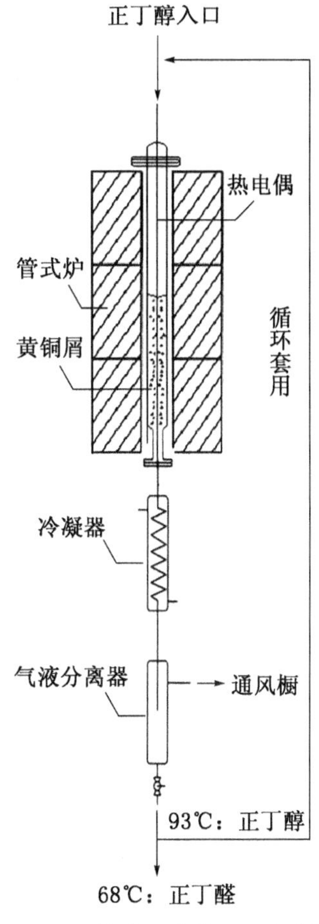

图 3－4　管式反应炉正丁醇脱氢制正丁醛反应装置

【预习内容】

（1）管式炉反应器的构造和使用方法。

（2）了解恒沸精馏的方法和原理。

【仪器与试剂】

（1）仪器：管式炉反应器；氢气瓶；分馏柱；气液分离器；冰盐冷凝器；尾气导管；烧杯

（2）试剂：正丁醇；氢气；黄铜屑；无水氯化钙

【实验操作】

（1）实验准备

实验前通氢气入催化剂层以排出空气（6 L/h），随后将炉子加热，持续通入氢气 1.5～2.0 h，炉子加热到 500 ℃以活化催化剂。

（2）脱氢反应

将炉温升到 550 ℃，开始从滴定管加入正丁醇（滴加速度为 100～120 mL/h），反应产物在用冰和冰盐冷却的蛇形的气液分离器中冷凝。实验所得到的气体导入通风橱，气体由氢气(85%)、烃(约10%)及一氧化碳(约2%)组成。

(3) 分离提纯

为了分出纯的丁醛，将冷凝液用刺形分馏柱蒸馏。分别收集馏分，沸点①低于74 ℃的馏分是水和丁醛的恒沸混合物，第二个馏分从74 ℃到78 ℃，较高沸点的第三馏分基本上是由未反应的醇和微量的丁酸所组成。将醇蒸出回用于反应，第一馏分的恒沸混合物包括两层：带6%的水的醛和水。用分液漏斗分开。倒出醛层，用氯化钙干燥并蒸馏。

收率按原料醇计算为60%～65%，纯产品沸点75.7 ℃②。

用所述的方法从另一些伯醇可以得到各种醛③。

【数据记录与处理】

(1) 实验记录

实验过程中，应将实验数据及时、准确地记录下来，记录表如表3-4。

表3-4　正丁醇脱氢制正丁醛实验结果

时间/min	温度/℃		原料						粗产品/g	
	反应器	精馏柱	氢气/mL			正丁醇/mL			有机层	水层
			始	终		始	终			

(2) 有机层液数据记录与分析结果，填入表3-5。

① 正丁醛和水形成二元恒沸混合物，其沸点为68 ℃，恒沸物含正丁醛90.3%。正丁醇和水也形成二元恒沸混合物，其沸点为93 ℃，恒沸物含正丁醇55.5%。

② 正丁醛应保存在棕色的玻璃磨塞瓶内。

③ 550～600 ℃可得到异丁醛，沸点64 ℃，折光率1.373 0，原料醇计算，产率为71%；530～570 ℃可得到异戊醛：纯品沸点92.5 ℃；折光率1.390 2，按原料醇计算其产率为70%。

表 3-5　有机层液分析结果

反应温度/℃	正丁醇加入量/g	有机层液(%)					
		正丁醛		正丁酸		其他成分	
		含量/%	质量/g	含量/%	质量/g	含量/%	质量/g

(3) 根据实验结果求出正丁醇的转化率、正丁醛选择性及收率。

$$转化率=\frac{原料中正丁醇量(g)-产物中正丁醇量(g)}{原料中正丁醇量(g)}\times 100\%$$

$$选择性=\frac{生成正丁醛量(g)}{反应的正丁醇量(g)}\times 100\%$$

$$收率=\frac{生成正丁醛量(g)}{原料中正丁醇量(g)}\times 100\%$$

【表征】

产品为无色透明液体，沸点 75.7 ℃，折光率 1.373 0。气相色谱：固定相为聚乙二醇，柱长×柱内径×膜厚：30 m×0.32 mm×0.5 μm，初始温度 90 ℃，保持 3 min，然后，以 20 ℃/min 的速率升温至 220 ℃，保持 5 min，进样口温度 230 ℃，检测器温度 250 ℃，空气流量 300 mL/min，氢气流量 2.0 mL/min，分流比 50∶1 进样量 0.6 μL。保留时间：正丁醛 1.0 min，正丁醇 1.68 min，正丁酸 4.14 min。IR(KBr 压片)，2 820.15 cm^{-1}～2 717.38 cm^{-1}(醛基的 C—H 伸缩振动和弯曲振动)，2 716 cm^{-1}(羰基 C═O 伸缩振动)。

【思考题】

(1) 制备正丁醛有哪些方法?

(2) 提高正丁醛转化率和收率有哪些措施?

(3) 为什么要进行催化剂的再生? 如何进行再生?

第四章　综合实验

实验十三　对氨基苯酚的制备

【主题词】

酚；硝化；化学还原；水蒸气蒸馏

【单元反应】

硝化反应；还原反应

【主要操作】

水蒸气蒸馏；重结晶

【实验目的】

（1）学习苯酚的硝化方法。
（2）学习硝基的还原方法。
（3）了解对氨基苯酚的性质和用途。

【背景材料】

对氨基苯酚(PAP)是一种重要的有机化工原料，也是一种重要的有机合成中间体，用途非常广泛，可用于合成医药、染料、橡胶助剂、感光材料、油品抗氧剂、染发剂、乙烯基单体聚合抑制剂及其他多种精细化学品。作为医药中间体，可用于合成扑热息痛（对乙酰氨基苯酚）、扑炎痛、安妥明、维生素 B_1、心得宁、复合剂烟酰胺、柳安酚、6-羟基喹啉等药物；在橡胶行业一个重要应用是合成对苯二胺类橡胶防老剂；在染料行业多用于合成硫化染料、酸性染料、偶氮染料及毛皮染料等；还有强烈还原性，可用于照相显影剂，又可作木材染色剂，还可用作化学试剂、麻醉剂等。

【课堂思政】

对氨基苯酚通常由对硝基苯酚化学还原而得。有机化合物的还原有三种类型：一为催化氢化或催化氢解；二为化学还原法，又分为金属还原法、硫化碱还原、金属复氢化合物、麦尔外因-庞道夫(MeerWein-Ponndorf)还原法、克莱门森(Clemmensen)还原以及吉尔聂尔-沃尔夫-黄鸣龙还原法；三为电解还原法。

黄鸣龙，中国有机化学家。1898 年 7 月 3 日生于江苏省扬州市，1924 年获德国柏林大学哲学博士学位，1955 年，评为中国科学院院士。1958 年，发明七步合成可的松，获国家创造发明奖，毕生致力于有机化学的研究，特别是甾体化合物的合成研究，为我国有机化学的发展和甾体药物工业的建立以及科技人才的培养作出了突出贡献。

Wolff-Kishner 还原法是吉尔聂尔和沃尔夫分别于 1911 年、1912 年发现，此法以无水肼和 KOH 在高温、高压下反应 50 h，将羰基还原为亚甲基，反应式如图 4－1。1945 年，黄鸣龙应邀请到哈佛大学化学系做研究工作，1946 年黄鸣龙将无水肼改用为水合肼，以 NaOH 代替 KOH，用高沸点的缩乙二醇作为溶剂，常压下加热反应仅用 3 h，即将羰基还原为亚甲基，收率从 40%提高到 90%，反应式如图 4－2。黄鸣龙发表论文后，改进的还原法迅速成为标准方法，写入教材，被称为黄鸣龙还原法。

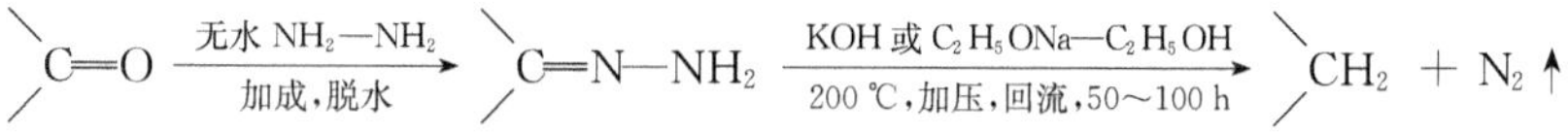

$$\gt C{=}O \xrightarrow[\text{加成，脱水}]{\text{无水 } NH_2{-}NH_2} \gt C{=}N{-}NH_2 \xrightarrow[200\ ^\circ C\text{，加压，回流，}50\sim100\ h]{KOH\text{ 或 }C_2H_5ONa{-}C_2H_5OH} \gt CH_2 + N_2\uparrow$$

图 4－1　Wolff-Kishner 还原法

$$C_6H_5{-}\overset{O}{\overset{\|}{C}}{-}CH_2CH_3 \xrightarrow[(HOCH_2CH_2)_2O,\ 200\ ^\circ C,\ 3\sim5\ h]{NH_2NH_2\cdot H_2O,\ NaOH} C_6H_5{-}CH_2CH_2CH_3 + N_2\uparrow$$

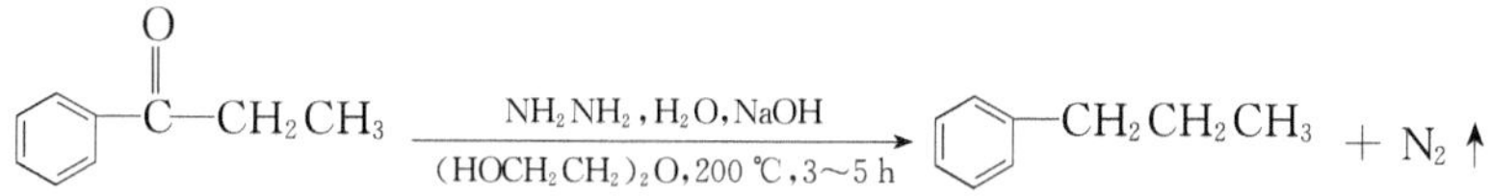

图 4－2　吉尔聂尔-沃尔夫-黄鸣龙还原法

过去，化学工业不发达，对氨基苯酚是染料工业的副产物，用途小，而且处理它颇为棘手。1886 年，Friedrich Bayer Company 的总经理面对五十吨染料的副产物对氨基苯酚，要么花钱雇人运走再处理掉，要么把它转化成有用的化学品。作为化学家和实业家的 Carl Duisberg 受到六个月之前 Carl 和 Hepp 意外发现乙酰苯胺是一种很好的镇痛消炎药物的启发，决定把它转化为产品销售出去。因为对羟基苯胺结构与苯胺结构很相似，可以很方便地转化为对羟基乙酰苯胺，但酚羟基是有毒性的，Carl Duisberg 决定用乙基把它保护起来，作为掩蔽，结果得到了一个高效、廉价的消炎镇痛药非那西丁。

$$\text{HO-}C_6H_4\text{-}NH_2 \longrightarrow C_2H_5O\text{-}C_6H_4\text{-}NH_2 \longrightarrow C_2H_5O\text{-}C_6H_4\text{-}NHCOCH_3$$

【实验原理】

首先，苯酚与混酸反应生成对硝基苯酚，混酸中形成的亲电试剂 NO_2^+ 进攻苯环生成 σ-络合物，脱去 H^+ 后得到硝基苯酚。酚由于苯环上—OH 的作用很容易硝化。在通常的硝化条件下可以被氧化成醌或聚合为树脂状物质，因而收率降低。所以，最好用以 HNO_3/H_2SO_4 或稀硝酸作硝化剂来硝化，且控制温度使反应在低温条件下进行。由于羟基是邻、对位定位基团，因而，硝化后得到邻硝基苯酚和对硝基苯酚两种主要产物，反应后，利用邻硝基苯酚可形成分子内氢键，沸点相对较低，可被水蒸气带出，而分离两种异构体。获得的对硝基苯酚再用铁粉与浓盐酸还原而得产物对氨基苯酚，反应方程如下：

反应式：

$$C_6H_5OH \xrightarrow[5\sim10\ ℃]{HNO_3/H_2SO_4} p\text{-}HO\text{-}C_6H_4\text{-}NO_2 + o\text{-}HO\text{-}C_6H_4\text{-}NO_2$$

$$p\text{-}HO\text{-}C_6H_4\text{-}NO_2 \xrightarrow[5\sim10\ ℃]{Fe/浓\ HCl} p\text{-}HO\text{-}C_6H_4\text{-}NH_2$$

【预习内容】

（1）掌握水蒸气蒸馏的操作技术及原理。

（2）查找下列化合物的物化数据。

OH　　OH NO_2　　OH　　OH

NO_2　　NH_2

【仪器与试剂】

(1) 仪器:可调温电热套;电动搅拌器;250 mL 三口烧瓶;回流冷凝管;分液漏斗;烧杯;玻璃棒;恒压滴液漏斗;冰水浴;布氏漏斗;抽滤瓶;滴管;水蒸气蒸馏装置;真空泵;烘箱;电子天秤

(2) 试剂:苯酚;70%硝酸(ω/ω);苯;浓盐酸;活性炭;还原铁粉;氧化镁;滤纸

【实验操作】

(1) 实验准备

在烧杯中放入 9.4 g(0.10 mol)苯酚,1 mL H_2O 和 20 mL 苯,于冰水浴中冷却至 5 ℃。

(2) 硝化反应

快速搅拌下①,滴加 8.5 mL(0.13 mol)70%硝酸(ω/ω),控温在 5~10 ℃内②,滴毕,保温继续反应 30 min,反应混合液冷却至 6 ℃,对硝基苯酚晶体析出,抽滤,滤饼用 10 mL 苯洗涤备用;将滤液和苯洗涤液一起转入分液漏斗,分去酸性水层,有机层用水洗涤数次③,进行水蒸气蒸馏,当苯全部蒸出后,改换接收器,继续进行水蒸气蒸馏,蒸出的黄色油状物冷却析晶、抽滤、干燥后得到黄色邻硝基苯酚,测定其熔点。

(3) 对硝基苯酚提纯

将上步滤饼放入烧杯,加 100 mL H_2O 和 36% HCl 10 mL,并加入 0.7 g 活性炭,煮沸 10 min,静置冷至室温后,再加入 0.7 g 活性炭,再煮沸 10 min,趁热过滤,迅速将滤液转入烧杯中,使烧杯倾斜放置,冷却,有黄色针状晶体析出,烧杯底部有一块副产物的黑色固体,小心将晶体倒入布氏漏斗,抽干,用

① 酚与酸不互溶,故须不断振荡使接触反应,并防止局部过热。

② 反应温度低于 15 ℃,有利于对硝基苯酚的生成。

③ 若有酸存在,则水蒸气蒸馏会使苯酚进一步硝化或氧化,因此在操作前应尽量将酸去除。

10% HCl洗涤，干燥后得对硝基苯酚。

(4) 对硝基苯酚的还原

在250 mL三口烧瓶中加入20 mL水，加热至90 ℃，加入0.9 g(0.016 mol)还原铁粉和6 mL浓盐酸，继续加热至沸腾。在沸腾状态下再加入6 g(0.11 mol)铁粉和对硝基苯酚3 g(0.022 mol)，加料毕，保持沸腾，用滴管吸出的反应液，滴在滤纸上扩散开的黄圈褪尽，此时即为终点。转入烧杯，补加清水至81 mL左右，同时，逐渐加入少量氧化镁，直至反应液中无铁离子存在①。全过程约需1.5 h左右。静置，使铁泥沉淀后趁热放出上层清液，再在烧杯中加入54 mL水，加热至98 ℃，搅拌洗涤5 min，趁热过滤，滤液冷却析晶，干燥、称重，计算收率，并测定其熔点，必要时，可用水进行重结晶。

【表征】

HPLC分析条件为SinoChrom ODS-AP C18柱，直径4.6 mm，长度250 mm，洗脱剂为V(正己烷)∶V(异丙醇)＝90∶10，流速为0.4 mL/min，柱温为20 ℃，UV230紫外检测器，检测波长为253 nm，保留时间为7.1 min。IR(KBr)，3 341.05 cm^{-1}(氨基N—H伸缩振动)，3 284.96 cm^{-1}(羟基O—H伸缩振动)，3 033.28 cm^{-1}(苯环C—H伸缩振动)，1 612.32 cm^{-1}、1 478.81 cm^{-1}(苯环骨架伸缩振动)，1 240.57 cm^{-1}(氨基C—N伸缩振动)，1 240.63、827.32 cm^{-1}(酚羟基C—O伸缩振动)，752.29 cm^{-1}(苯环对位取代C—H弯曲振动)。^{1}H-NMR(400 MHz，DMSO - 6d)，δ：8.360(s，羟基，1H)，6.485(d，J＝8.4 Hz，苯环H，2H)，6.462(d，J＝8.4 Hz，苯环H，2H)，4.360(s，氨基，2H)。

【思考题】

(1) 在对硝基苯酚晶体析出时，为什么选择条件为6 ℃？低一点行不行？为什么？

(2) 在还原过程中如何判定溶液中无铁离子？加入氧化镁为什么能除去铁离子？若不除去溶液中的铁离子行不行？

---

① 把氧化镁投入在弱酸中已经水解的氯化铁中，与水解产生的氢离子反应，氢离子消耗，平衡右移，氯化铁就转化为氢氧化铁沉淀以除去铁离子。

实验十四 4-羟基香豆素的合成

【主题词】

香豆素;乙酰化;环合

【单元反应】

酯化反应;O-酰基化;缩合反应

【主要操作】

密封搅拌;减压蒸馏;重结晶

【实验目的】

(1) 学会4-羟基香豆素合成的原理和方法。
(2) 掌握减压蒸馏原理。
(3) 了解有关香豆素及其衍生物的背景知识。

【背景材料】

香豆素是于1820年在黑香豆中发现的,它以苷的形态存在于许多植物中。香豆素具有黑香豆的浓郁香味,亦具有新刈草甜香及巧克力气息,留香长久,因而常用于制造香料。在1868年,Perkin由水杨醛与乙酐在乙酸钠的催化作用下首次进行人工合成。

经过研究发现,香豆素是一大类衍生物的母体。这些衍生物中有些存在于自然界中,有些则通过人工方法合成而得。

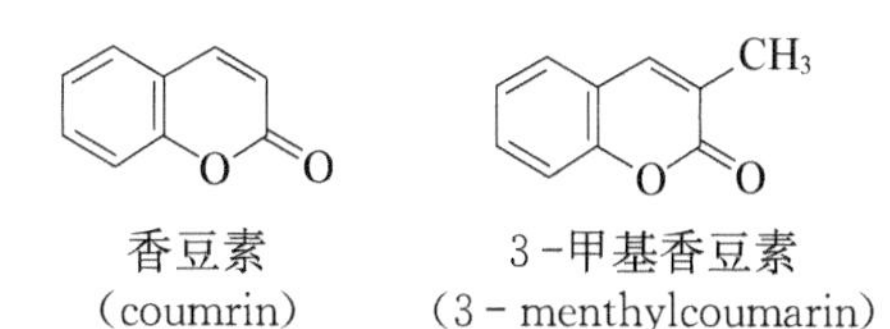

香豆素 (coumrin)　3-甲基香豆素 (3-menthylcoumarin)　4-甲基香豆素 (4-methylcumarin)

6-甲基香豆素　　　　4-羟基香豆素　　　　7-羟基香豆素
(6-methylcumarin)　　(4-hydroxycoumarin)　　(7-hydroxycoumarin)

羟基香豆素是香豆素类衍生物的重要一类，是极为有用的有机合成中间体和香精香料。其中4-羟基香豆素应用较广泛，是医药、农药的重要中间体，具有抗凝血，抗真菌、抗癌等多种生物生理学活性，用于合成双香豆素、香豆素乙酯、新抗凝、华法林等抗凝血药物，也是维生素K的拮抗剂，还是合成杀鼠灵、氯杀鼠灵、克杀鼠、杀鼠萘、联苯杀鼠萘等杀鼠药的中间体。杀鼠灵是第一代抗凝血型杀鼠剂，在全世界广泛使用，杀鼠效果很好。第二代凝血型杀鼠剂是溴联苯杀鼠萘，只要一次投饵即可使鼠中毒致死，在美国杀鼠剂市场中已占30%。同时，4-羟基香豆素也是一种香料，用于化妆品、皂类和香精。4-羟基香豆素的一些衍生物结构如下。

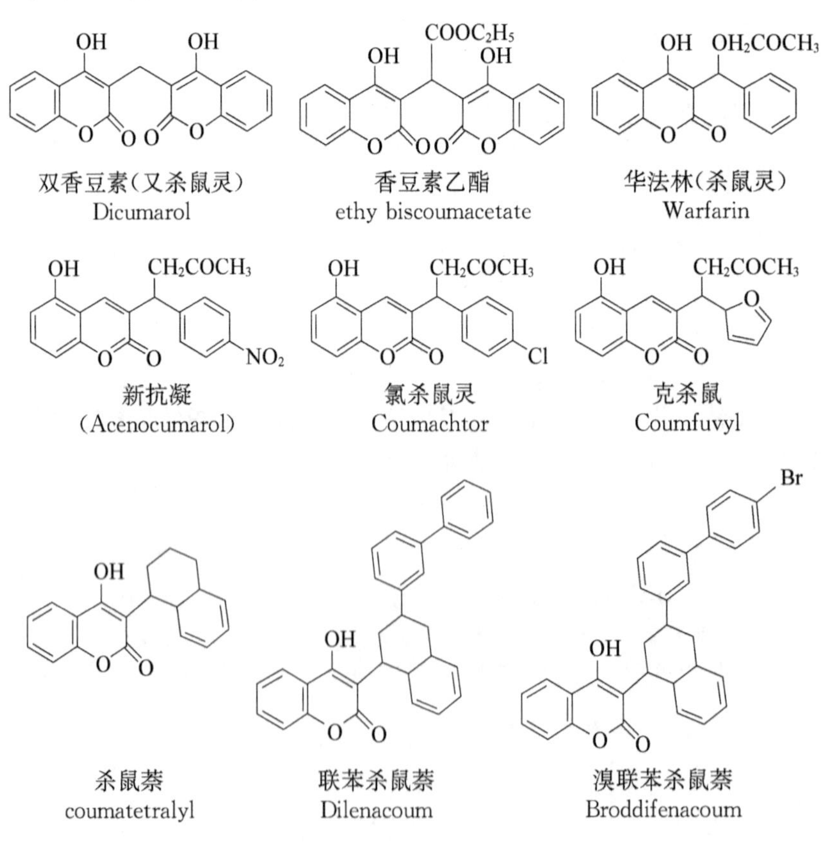

双香豆素(又杀鼠灵) Dicumarol　　香豆素乙酯 ethy biscoumacetate　　华法林(杀鼠灵) Warfarin

新抗凝 (Acenocumarol)　　氯杀鼠灵 Coumachtor　　克杀鼠 Coumfuvyl

杀鼠萘 coumatetralyl　　联苯杀鼠萘 Dilenacoum　　溴联苯杀鼠萘 Broddifenacoum

【实验原理】

香豆素及其衍生物的种类较多，其合成方法又各有不同，主要合成方法有：

$$CHO,\ OH \xrightarrow[(CH_3CO)_2O]{CH_3COONa} O,\ O$$

$$CHO,\ OH \xrightarrow[I_2]{(CH_3CH_2CO)_2O} CH_3,\ O,\ O$$

$$OH \xrightarrow[AlCl_3,\ ArNO_2]{CH_3COCH_2COOEt} CH_3,\ O,\ O$$

$$OH,\ CH_3 \xrightarrow{HOOCCH{=}CHCOOH} H_3C,\ O,\ O$$

4-羟基香豆素的合成，可采用乙酰水杨酰氯为原料与乙酰乙酸乙酯缩合，生成 α-(2-乙酰氧基苯甲酰基)乙酰乙酸乙酯，加 NaOH 溶液水解得到 α-(2-羟基苯甲酰基)乙酰乙酸钠，然后，在 92%的浓硫酸中于 110～115 ℃环合生成 3-乙酰基-4-羟基香豆素，进而水解得到 4-羟基香豆素，该法的收率约为 64%。

本实验用另一种方法从水杨酸为起始原料来分步合成 4-羟基香豆素。首先水杨酸与甲醇在 H^+ 催化下酯化，生成水杨酸甲酯，接着，水杨酸甲酯经乙酰化，得到乙酰水杨酸甲酯；最后，乙酸水杨酸甲酯在碱性条件下经环合可得到最终的目标产物。

$$\text{水杨酸} \xrightarrow{H^+, CH_3OH} \text{水杨酸甲酯} \xrightarrow[H_2SO_4]{Ac_2O} \text{乙酰水杨酸甲酯} \xrightarrow[HCl]{Na_2CO_3} \text{4-羟基香豆素}$$

【预习内容】

(1) 查阅资料,找出反应中所涉及各化合物的物化性质。

(2) 掌握搅拌器的密封方法及重结晶的操作。

【仪器与试剂】

(1) 仪器:可调温电热套;电动搅拌器;250 mL 三口烧瓶;油浴恒温磁力搅拌器;回流冷凝管;分液漏斗;烧杯;玻璃棒;250 mL 单口烧瓶;温度计;布氏漏斗;抽滤瓶;旋转蒸发仪;真空泵;真空干燥器;电子天秤。

(2) 试剂:水杨酸;无水甲醇;98%浓硫酸;浓 Na_2CO_3,无水 $MgSO_4$,乙酸酐;液体石蜡;活性炭;浓盐酸;pH 试纸;水;冰。

【实验步骤】

(1) 实验准备

在 250 mL 三口烧瓶中放入 34.5 g(0.25 mol)水杨酸和 80 g(100 mL,0.25 mol)无水甲醇,在强烈搅拌下向混合物中缓慢加入 10 mL98%浓硫酸。

(2) 水杨酸甲酯的制备

水浴加热回流 6 h,然后,水浴加热蒸去过剩的甲醇,冷却后将反应物移至分液漏斗中,加 300 mL 水振荡后静置,分去水层,油状物用 25 mL 水洗涤,再用浓 Na_2CO_3 溶液洗至石蕊试纸呈碱性,最后再用水洗,分去水层,油层用 5 g 无水 $MgSO_4$ 干燥 5 h,然后,移至蒸馏烧瓶,蒸馏收集 221~224 ℃的馏分①。

① 最好用减压蒸馏收集 115~117 ℃/20 mmHg 或 101 ℃/12 mmHg 的馏分。

(3) 乙酰水杨酸甲酯的制备

在 250 mL 三口烧瓶中放置 27.5 g(23.5 mL、0.18 mol)水杨酸甲酯，3 g (35 mL、0.37 mol)乙酸酐，在搅拌下加入 1～2 mL 浓硫酸，将混合物充分搅拌，在水浴上加热到 50 ℃①，保温 1 h，反应完毕后，将反应混合物倒入冰水中析晶，用减压抽滤，水洗②，低温干燥，即得乙酰水杨酸甲酯。

(4) 4-羟基香豆素的合成

将 22.5 g(约 0.2 mol)Na_2CO_3 和 60 mL 液体石蜡投入备有磁力搅拌子的 250 mL 烧瓶中，将烧瓶固定于油浴恒温磁力搅拌器上，密封加热搅拌，当温度达到 240 ℃时，加入熔融的乙酰水杨酸甲酯 20 g(0.1 mol)，保持温度在 240～260 ℃，回流 1 h，出料，过滤，弃去滤液，固体溶于 150 mL 水中，加热至 70 ℃左右，分去上层少量油层后，加 HCl，调 pH 为 6，加活性炭脱色，过滤，滤液再用浓盐酸酸化至 pH＝1，即有 4-羟基香豆素析出，加冰，使之析出完全，过滤，用水洗至中性③，即得淡黄色针状结晶，干燥，称量，并测定其熔点。

产物熔点：205～207 ℃。IR(KBr)，3 389 cm^{-1}(羟基 O—H 伸缩振动)，2 926.83 cm^{-1}，2 854.70 cm^{-1}(苯环、杂环 C—H 伸缩振动)，1 698.47 cm^{-1}(与苯环共轭的 C═O 伸缩振动)，1 611.33 cm^{-1}～1 510.26 cm^{-1}(苯环、吡喃环骨架伸缩振动)，1 277.09 cm^{-1}、1 242.58 cm^{-1}(酯基 C—O—C 伸缩振动)，950.78 cm^{-1}(C═C 面外弯曲振动)，748.92 cm^{-1}(C—H 面外弯曲振动)。^{1}H-NMR(DMSO - 6d)，δ：12.56(s，1H)，7.846(d，1H)，7.40～7.662(m，2H)，7.37(d，1H)，5.640(s，1H)。

【思考题】

(1) 为什么乙酰水杨酸甲酯要低温干燥？低温干燥的方法有哪些？

(2) 写出乙酰水杨酸甲酯环合生成 4-羟基香豆素的反应机理。

(3) 写出以乙酰水杨酰氯与乙酰乙酸乙酯为原料合成 4-羟基香豆素的合成路线。

---

① 乙酰水杨酸甲酯熔点仅为 50 ℃。

② 水杨酸甲酯溶于乙醇、乙醚、氯仿，微溶于水。

③ 易溶于乙醇、乙醚和热水。与三氯化铁作用呈棕色。

实验十五　驱虫剂 N,N-二乙基-3-甲基苯甲酰胺的合成

【主题词】

羧酸的反应;酰胺的制备;酰卤的制备

【单元反应】

氧化;酰卤化;酰胺化

【主要操作】

回流;蒸馏;萃取;柱层析

【实验目的】

(1) 学习用间甲苯甲酸制备 N,N-二乙基-3-甲基苯甲酰胺的方法。
(2) 学习用 IR 分析化合物的方法。
(3) 了解驱虫剂的工作原理。

【背景材料】

几乎没有人听到饥饿蚊子的尖声哀泣不毛骨悚然。蚊子除骚扰日常生活外,这些嗜血如命的小虫子还会传播疾病,如疟疾、黄热等,尽管有许多方法尝试控制蚊虫的滋生,但大多都付诸东流。蚊子在热碱的地方甚至在高浓度的盐酸罐中都能繁殖。因而,从生态平衡来看也不能使蚊子从地球上消失,但可以不让蚊子接近。美国和加拿大较为普及的驱蚊方式是使用避蚊胺,化学名为 N,N-二乙基-3-甲基苯甲酰胺,英文缩写为 DETA 或 DEET,是一种昆虫信息素,对蚊子、跳蚤等一些叮人的害虫有着很好的驱避作用,并对人畜无毒,对皮肤无刺激,可以直接涂抹在皮肤上而且持续时间较长,是一种安全无毒、高效广谱的驱蚊剂,在目前已知的各种昆虫驱避剂中它的生理活性最为广谱,综合驱避效果也最为显著。

驱蚊剂的应用基于人类在蚊虫对刺激的反应以及驱虫剂的作用机理的广泛研究:大气中因存活的哺乳动物或其他来源所排出的 CO_2 使空气中 CO_2 的浓度增加,从而促使蚊子感应到附近可能有一个寄主,于是蚊子开始飞动,直到与由哺乳动物产生的暖湿气流相遇,然后,蚊虫逆流而上,一直飞向这股气

流的发源地，如果它一旦要飞离这股气流，它通常会在该气流中转向。

深入的研究表明，驱虫剂并不是一种使蚊虫感到厌恶而将其赶走的物质，而是阻塞蚊子触发上感受器部位的一种化合物，阻塞反应在数千分之一秒内即可发生，由于蚊虫不再能探测到暖湿气流源，迫使它偏离开寄主，因此，当在皮肤上使用驱虫剂后，蚊子在要飞落在人们身上的千钧一发之时突然飞走。

作为驱虫剂，这些化合物仅有的共同性质是它们的分子量及其分子形状。优质驱虫剂的分子量为150～250，巨大的球形分子阻塞蚊子感受器比扁平分子更为有效。驱虫剂可以制成通常的喷雾剂加以喷洒，在此种情况下，驱虫剂阻塞了蚊子的二氧化碳的气体感受器部位，从而阻挠蚊虫对一个可能寄主所排出的二氧化碳浓度增加信息的判断。

【实验原理】

本实验以间二甲苯为起始原料，利用氧化、酰氯化和胺化合成N，N-二乙基-3-甲基苯甲酰胺，合成路线如下：

CH$_3$ / CH$_3$（间二甲苯） $\xrightarrow{HNO_3}$ CH$_3$ / COOH（间甲基苯甲酸） + COOH / COOH（间苯二甲酸）（少量）

芳环的侧链氧化可在Co(Ⅲ)存在下用O_2氧化，也可以用空气作为氧化剂，但其操作条件在普通实验室中均较难实现。故本实验选用硝酸作氧化剂。反应混合物在回流的温度下进行反应(间二甲苯的沸点为139 ℃)。反应后除间甲基苯甲酸外，还有少量间苯二甲酸生成，可利用两者在乙醚中溶解度不同，将此副产物除去。

接下来的一步是酰氯化。最常用的酰氯化试剂$SOCl_2$、PCl_5和PCl_3，与羧酸作用就可得到相应的酰氯。

$$R—COOH \xrightarrow{SOCl_2} RCOCl + SO_2\uparrow + HCl\uparrow$$

$$R—COOH \xrightarrow{PCl_3} RCOCl + H_3PO_3 (200\ ℃分解)$$

$$R—COOH \xrightarrow{PCl_5} RCOCl + POCl_3 (b.p\ 101\ ℃)$$

使用这三种试剂各有优、缺点，可以互相补充，因酰氯的提纯一般采用蒸馏，因此要求产物的沸点与过量的试剂氯化亚砜或与副产物亚磷酸及三氯氧化磷的沸点或分解点要有一定的距离，足以通过蒸馏方法分离。最方便的方法是用 $SOCl_2$，在室温或稍热即可反应，产物除酰氯外，其余都是气体，易除去，只要把过量的氯化亚砜分离出来，产物往往不需蒸馏即可应用，而且纯度好，收率高。

最后是酰胺化，将得到的酰氯直接胺解即可得到产物。

$$CH_3C_6H_4COCl + NH(CH_2CH_3)_2 \xrightarrow{\text{乙醚}} CH_3C_6H_4C(=O)—N(CH_2CH_3)_2 + HCl$$

合成路线

$$CH_3C_6H_4CH_3 \xrightarrow{HNO_3} CH_3C_6H_4COOH \xrightarrow{SOCl_2} CH_3C_6H_4COCl \xrightarrow{NH(CH_2CH_3)_2} CH_3C_6H_4C(=O)—N(CH_2CH_3)_2$$

值得注意的是，反应中涉及的 $SOCl_2$ 和间甲基苯甲酰氯都容易水解，而二乙胺又很容易吸水。因此，在实验时不但要在实验前干燥好各种仪器与试剂，而且在实验操作时也要避免空气中的水进入反应系统。

【预习内容】

(1) 掌握 N,N-二乙基-3-甲基苯甲酰胺制备的反应机理。

(2) 掌握柱层析法分离化合物的原理及方法。

(3) 根据有关物质的性质及反应要求画出反应的装置图。

(4) 查阅 N,N-二乙基-3-甲基苯甲酰胺的红外谱图。

(5) 如何处理反应原料。

【仪器与试剂】

(1) 仪器:三口烧瓶;电动搅拌器;球形冷凝管;分水器;滴液漏斗;分液漏斗;水浴锅;温度计;干燥管;傅立叶红外光谱仪。

(2) 试剂:间二甲苯;浓硝酸;3 mol/LNaOH;饱和 NaCl 水溶液;市售盐酸;氯化亚砜;沸石; 二乙胺;无水乙醚;15%NaOH;10% HCl;水;无水硫酸钠。

【实验操作】

(1) 3-甲基苯甲酸的合成

在 250 mL 三口烧瓶中(装有搅拌器、分水器、滴液漏斗),加入 86.9 g (0.82 mol)的间二甲苯,加热回流,体系温度为 130～140 ℃,在连续搅拌下,由滴液漏斗滴加 40 mL 69.2%的 HNO_3,加入时间约为 3 h,在反应期间由分水器除水,3 h 反应后,即硝酸加完后停止反应,溶液呈棕红色。

将上述反应混合物倒入分液漏斗中,加入约 3 mol/L 的 NaOH 溶液约 15 mL,振荡分层,放出下层透明的红色碱溶液,上层溶液较黄,再加入 NaOH 溶液 15 mL,再分出碱层。如此反复五次,后几次为了易于分离,可加入饱和 NaCl 溶液数毫升,合并所有碱溶液,加入 HCl 溶液,产生沉淀,中和至溶液为酸性后,过滤、干燥,得黄色固体①。将此固体溶于 25 mL 乙醚,滤去不溶的白色固体(间苯二甲酸),将滤液蒸馏,滤去溶剂乙醚,干燥即得纯 3-甲基苯甲酸。

(2) 3-甲基苯甲酰氯的合成

在盛有 5.6 g 3-甲基甲苯甲酸的 250 mL 三口烧瓶中加入 6.2 mL 氯化亚砜,并加入两粒沸石,加热反应混合物至不再放出 HCl 时为止(约 20～30 min),得到的液体就是 3-甲基苯甲酰氯,反应停止后冷却,粗品不需分离、纯化②,即可直接进行下一步反应。

(3) N,N-二乙基-3-甲基苯甲酰胺的合成

在上步三口烧瓶中加入 70 mL 无水乙醚,然后,在滴液漏斗中加入 13.7 mL 二乙胺及 27.3 mL 无水乙醚,并装上干燥管,将乙二胺的溶液逐滴加入反应

---

① 此为 3-甲基苯甲酸粗品,提纯后 3-甲基苯甲酸的熔点为 105～107 ℃。

② 羧酸与氯化亚砜反应,生成酰氯和二氧化硫和氯化氢,因副产物均为气体,所以,不需蒸馏等后处理,即可分离。

瓶，滴加速度控制反应体系呈微沸状态，确保反应中生成的大量气雾不升到三口烧瓶的颈部，以防其冷却后的白色絮状物①堵塞滴液漏斗，加毕，将反应混合物转移到 250 mL 分液漏斗中，反应瓶用 30 mL 15%的 NaOH 溶液洗涤，并将此洗涤液加入分液漏斗中，收集乙醚层，用乙醚萃取水层，分层除水（如不分层，再加 50 mL 乙醚于分液漏斗中萃取），合并乙醚层，先用 30 mL 15%NaOH 溶液洗涤，再用 30 mL10% HCl 洗，最后用 30 mL 水洗。用无水硫酸钠干燥，水浴蒸馏收集乙醚，得到 DETA 粗品。

（4）分离提纯

粗产物用减压蒸馏进行分离纯化，收集 158～160 ℃/19 mmHg 的馏分，约 4.5 g 左右。

粗产品的纯化亦可以用柱层析法进行分离纯化，用 30 g Al_2O_3 在石油醚中填装层析柱，将粗品溶于石油醚中，并置于柱上，用石油醚淋洗，淋洗下来的第一个化合物就是产品。在蒸气浴上除去石油醚，得到一透明棕黄色的油状物，称重，计算收率，并做 IR 及 ^1H-NMR。

【表征】

产品为无色或淡黄的液体。IR，2 972.69 cm^{-1}、2 934.40 cm^{-1} 和 2 874.69 cm^{-1}（饱和烷烃 C—H 的伸缩振动峰），1 635.01 cm^{-1}（强吸收峰为酰胺羰基的伸缩振动峰），1 584.58 cm^{-1}、1 490.32 cm^{-1}、1 458.26 cm^{-1}（三处强吸收峰为苯环骨架振动峰），1 292.34 cm^{-1}（有一吸收峰为 C—N 伸缩振动峰），795.24 cm^{-1}（苯环间位取代芳环 C—H 面外变形振动），709.74 cm^{-1}（苯环 C 原子面外变形振动）；^1H-NMR（氘代 DMSO，ppm）：δ=7.144～7.290（m，苯环上 H，4H），2.374（s，连在苯环上的甲基 H，3H）；3.254～3.556（q，N 相连乙基上的亚甲基 H，4H），1.109～1.253（t，N 相连乙基上的甲基 H，6H）。

【思考题】

（1）为什么乙二胺的碱性比 DETA 要强？

（2）试提出从 2-乙氧基苯甲酸合成 N，N-二乙基-2-乙氧基苯甲酰胺的合成途径。

（3）试指出由丙酸合成丙酰氯的转变应用哪种酰氯化试剂为好。

---

① 反应放出的氯化氢与二乙胺生成铵盐固体小颗粒。

实验十六　一种昆虫信息激素 2-庚酮的合成

【主题词】

信息激素；碳负离子反应；脱羧反应；烷基化

【单元反应】

乙酰乙酸乙酯的烷基化反应；酮式分解

【主要操作】

回流；蒸馏；干燥；萃取

【实验目的】

（1）学习用乙酰乙酸乙酯合成 2-庚酮的方法，进一步掌握碳负离子及 S_N2 反应的机理。

（2）学习并掌握无水操作的方法。

（3）了解有关昆虫信息激素等方面的知识。

【背景材料】

信息激素是昆虫或其他动物分泌出来的一种化学通信物质，具有传递信息的作用。信息激素并非都是性引诱剂，还有标记踪迹、告警自卫或传递其他信息的作用。它们大多数存在于各种动物体内。而人们特别感兴趣的是存在于昆虫中的那些信息激素，并对它们进行了广泛的研究，试图通过它们来防治农业生产中的害虫。这种方法不但防治效果好，降低生产成本，而且避免了环境污染和对农作物的伤害。目前这方面的工作已取得了很大进展，而且，应用前景也显得非常广阔。

生产上用来防治害虫的信息激素，主要是利用昆虫的性引诱剂信息激素，以控制昆虫的繁殖，从而达到防治目的。如灭除洋白菜害虫尺蠖虫、粉蚊蛾的性引诱素——顺-7-十二碳烯-1-醇乙酸酯、森林害虫吉卜赛蛾（舞毒蛾）——顺-7,8-氧-2-甲基十八烷都是这类信息激素。

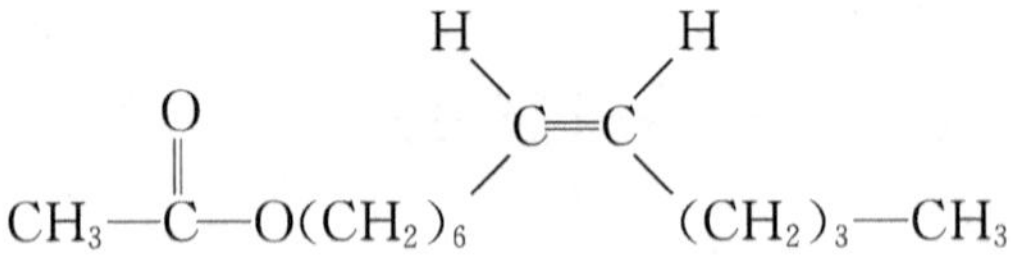

$$CH_3-\overset{\overset{O}{\|}}{C}-O(CH_2)_6-\underset{H}{C}=\underset{H}{C}-(CH_2)_3-CH_3$$

顺-7-十二碳烯-1-醇乙酸酯

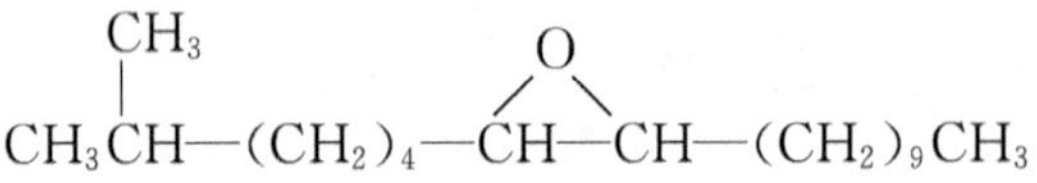

$$CH_3\overset{\overset{CH_3}{|}}{C}H-(CH_2)_4-\overset{O}{CH-CH}-(CH_2)_9CH_3$$

顺-7,8-氧-2-甲基十八烷

在美国马萨诸塞州和宾夕法尼亚州用飞机大规模使用顺-7,8-氧-2-甲基十八烷时并不能证明有扰乱雄性吉卜赛蛾找到雌性蛾的作用。然而,将它用于收集器中时,它的确能发现并监测蛾的出现。对洋白菜尺蠖虫信息激素来说,表明一种昆虫对特定信息激素有高度专一性。改变碳链长短或改变双键位置和几何形状都会使雌性信息引诱雄性的活性或能力下降80%~90%,洋白菜尺蠖虫触角上的接收器官对于特定的信息激素非常专一。

信息激素有时候很容易受到干扰,如在空气中存在某种信息激素时会破坏洋白菜尺蠖虫雌雄性之间的信息传递。一种物质也可以是多种昆虫的信息激素。如顺-7-十二碳烯-1-醇乙酸酯又是苜蓿丫纹夜蛾和大豆尺蠖虫的信息激素。

同时,信息激素有效活性程度随不同物种而变化。当把指定的信息激素放入收集器中引诱特定的昆虫时,应当使之在空气中有最适合浓度。有趣的是不管放到什么地方总可以将洋白菜尺蠖蛾引诱到收集器中,而对另外的昆虫却不尽然。如向日葵蛾,必须将收集器放到种向日葵的地方才有效,此外,某些昆虫的性信息激素是几种化合物的混合物。

研究表明,昆虫的信息激素都是一些简单的醇、酮、酸或酯。如作为香料的乙酸异戊酯就是存在于蜜蜂叮咬器官中的一种组分,它每叮咬一次大约排泄一微克这样的激素,每当它进攻敌人时就释放出该物质,以吸引或呼唤其他蜜蜂也来进攻。即将合成的2-庚酮是存在于蜜蜂中的一种警戒信息激素。

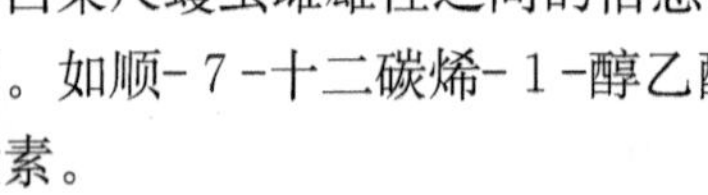

$$CH_3-\overset{\overset{O}{\|}}{C}-CH_2-CH_2-\overset{\overset{CH_3}{|}}{C}H-CH_3$$

乙酸异戊酯

$$CH_3-\overset{\overset{O}{\|}}{C}-(CH_2)_4-CH_3$$

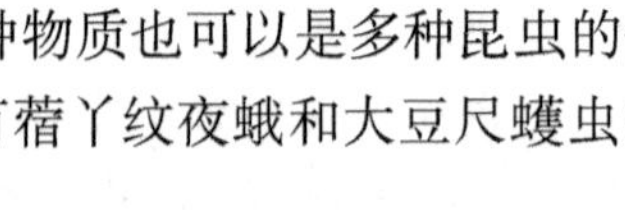

2-庚酮

作为警戒信息激素的2-庚酮,最初发现于成年工蜂的颈腺中,雄峰、新的、老的和未成年的不能飞行的工蜂都没有这种警戒信息激素,此外,2-庚酮还是臭蚁属及臭蚁亚科小黄蚁异昆虫的报警信息激素，而且它还能使丁香油和橘皮油有香气。

如果用合成的 2-庚酮加 1 滴到 3 滴的石蜡油中，涂在软木塞的一端，再用 3 滴单纯的石蜡油涂在另一个软木塞上，把它们分别放在蜂箱的入口附近，对比蜜蜂的行为，会发现在涂有 2-庚酮的那个软木塞的蜂箱中，蜜蜂会焦急不安的飞到软木塞上来；相反只涂石蜡油的那个木塞，没有引起相应的反应。

【实验原理】

用乙酰乙酸乙酯为初始原料制备甲基酮法合成 2-庚酮。合成路线如下：

$$CH_3-\overset{\overset{O}{\|}}{C}-CH_2-\overset{\overset{O}{\|}}{C}-OC_2H_5 \xrightarrow{C_2H_5ONa} CH_3-\overset{\overset{O}{\|}}{C}-\underset{Na^+}{\overset{-}{C}H}-\overset{\overset{O}{\|}}{C}-OHC_2H_5$$

$$\xrightarrow{CH_3(CH_2)_3Br} CH_3-\overset{\overset{O}{\|}}{C}-\underset{\underset{CH_2-CH_2-CH_2-CH_3}{|}}{CH}-\overset{\overset{O}{\|}}{C}-O-C_2H_5 \xrightarrow{\text{稀 } NaOH}$$

$$CH_3-\overset{\overset{O}{\|}}{C}-\underset{\underset{CH_2-CH_2-CH_2-CH_3}{|}}{CH}-\overset{\overset{O}{\|}}{C}-ONa \xrightarrow[\text{② △ ③ } -CO_2]{\text{① } H^+} CH_3-\overset{\overset{O}{\|}}{C}-(CH_2)_4CH_3$$

首先乙酰乙酸乙酯与强碱乙醇钠反应生成乙酰乙酸乙酯负离子，然后，与正溴丁烷进行 S_N2 反应，形成取代的乙酰乙酸乙酯，最后，取代的乙酰乙酸乙酯在稀 NaOH 溶液的作用下，按酮式水解形成羧酸的钠盐，接着酸化、脱羧释放 CO_2 气体。

【预习内容】

(1) 写出本实验过程中发生 S_N2 反应和酮式水解两步反应的机理。

(2) 取代乙酰乙酸乙酯发生酸式水解，则需要什么条件？其产物为何？

(3) 查阅有关手册，了解 2-庚酮的 IR 和 ^1H-NMR 图谱。

【仪器与试剂】

(1) 仪器：圆底烧瓶；三口烧瓶；分液漏斗；电动搅拌器；球形冷凝管；滴液漏斗；分液漏斗；温度计；气相色谱仪；傅立叶红外光谱仪。

(2) 试剂:金属钠片;邻苯二甲酸二乙酯;无水乙醇;乙酰乙酸乙酯;正溴丁烷;水;浓硫酸;颗粒氢氧化钠;二氯甲烷;40%$CaCl_2$ 溶液;无水 $MgSO_4$。

【实验操作】

(1) 制备纯化乙醇

在盛有 100 mL 无水乙醇的 250 mL 圆底烧瓶中加入 0.8 g 金属钠片和 3 g 邻苯二甲酸二乙酯①,加热回流 1 小时,回流结束后,蒸馏得纯化乙醇②。

(2) 制备乙醇钠

在盛有 75 mL 纯度为 100%的乙醇的 250 mL 三口烧瓶中,将 3.5 g 清洁的小片状的金属钠以维持反应不间断的速度加入。

(3) 合成取代乙酰乙酸乙酯

上述反应完成后,向此溶液中滴加 19 mL 乙酰乙酸乙酯,并不断搅拌,然后,再加入 18 mL 正溴丁烷,塞住瓶口,并放置一周。

一周后,将上述溶液加热搅拌,徐徐回流约 3～4 h,完成反应。冷却后,倾滗溶液到另一只烧瓶中,蒸馏,除去过量的乙醇,待冷却后加入 120 mL 水至反应混合物中,然后分液,酯层用水洗涤。

(4) 合成 2-庚酮

将得到的酯层加到 500 mL 三口烧瓶中,加入 125 mL 5%NaOH 溶液,在强烈搅拌下反应 3.5 h③,然后,慢慢滴加 22.5 mL 33%的硫酸溶液(30 mL 水中加 15 mL 浓硫酸)④,在停止气体放出后,将反应混合物转移到 250 mL 三口烧瓶中,用常压蒸馏操作收集 70 mL 左右带水馏出物,在馏出物中加入颗粒状固体 NaOH,搅拌使溶于水,使馏出液恰好呈碱性为止。

用分液漏斗分出水层,得到酮层,并用 25 mL 二氯甲烷萃取水层两次,合并到酮层,用 40%的 $CaCl_2$ 溶液洗涤,每次 10 mL,洗涤三次。最后用无水 $MgSO_4$ 干燥,将干燥好的混合物蒸馏,收集 145～152 ℃的馏分,称重,并计算

---

① 利用金属钠更易于和水反应生成氢气和氢氧化钠而去除乙醇中的水,但因为钠与乙醇也会发生竞争反应而生成乙醇钠,加入邻苯二甲酸二乙酯的目的是与生成的氢氧化钠反应使平衡向酯水解的方向进行,即向生成物氢氧化钠减少的方向进行,而利于水与钠反应,因乙醇钠不溶于邻苯二甲酸二乙酯而抑制其生成。

② 邻苯二甲酸二乙酯为一种无毒、无色、透明的油状液体,与乙醇互溶,沸点为 302 ℃,蒸馏出乙醇时,乙醇不与之共沸,在不蒸干情况下获得纯化乙醇。

③ 取代乙酰乙酸乙酯碱性水解反应。

④ β-酮酸钠的酸化、脱羧反应。

收率。将产品做气相色谱和 IR 谱。

【表征】

产品为无色液体，微溶于水，能溶于醇、醚等有机溶剂。气相色谱条件：HP-FEAP 极性毛细管柱(25 m×0.25 mm×0.25 pm)；FID 检测器，载气 N_2；汽化室温度 250 ℃，检测室 250 ℃；程序升温：起始 80 ℃，保持 2 min，以 40 ℃/min 升温至 200 ℃，保持 6 min，保留时间为 2.024 min。IR(KBr 压片)：2 955.8 cm^{-1}、2 924.7 cm^{-1} 和 2 855.1 cm^{-1}(饱和烷烃 C—H 的伸缩振动峰)，1 717.1 cm^{-1}(脂肪族羰基的伸缩振动峰)，1 584.58 cm^{-1}、1 490.32 cm^{-1}、1 458.26 cm^{-1} (三处强吸收峰，苯环骨架振动峰，1 292.34 cm^{-1}(C—N 伸缩振动峰)，795.24 cm^{-1}(间位取代苯环 C—H 面外变形振动)，709.74 cm^{-1}(苯环 C 原子面外变形振动)。

【思考题】

(1) 为什么乙酰乙酸乙酯 C_2 位上的氢具有酸性?

(2) 试设计由乙酰乙酸乙酯获得 3-甲基-2-丁酮的合成路线。

(3) 如果该合成法中使用的是 1,4-二溴丁烷，得到的产物是什么?

(4) 能否由乙酰乙酸乙酯来制备 3-乙基-2-庚酮?

第五章　天然产物提取与分离

实验十七　红辣椒的红色素萃取

【主题词】

红辣椒;红色素;萃取;分离

【主要操作】

萃取;薄层层析;柱层析

【实验目的】

(1) 学会并掌握天然产物提取与分离的方法。

(2) 掌握薄层层析和柱层析的原理和方法。

(3) 了解红辣椒中红色素的主要成分。

【背景材料】

自然界广泛存在着多种多样的有机化合物。从天然有机体中提取是获得有机物质的主要途径之一。我国劳动人民在长期的生产实践中很早就学会并掌握了从天然产物中提取有机物质的方法。最熟悉的莫过于中草药的使用。熬药的过程实际上就是提取的过程,把药材中对人体有益或抗病灭菌的有机物质萃取出来。尽管科学发展到了今天,人们探索并总结了合成有机物的许多方法,但至今还有一部分物质仍然是或只能是由天然产物中提取获得,特别是一些珍贵的药物和香料,它们的结构较为复杂,人工合成很困难或由合成得到的生物活性较低,或人工合成的代价太高而无经济价值和实用价值。因而,直接从天然产物中提取化合物仍然是一项长期的具有实际意义的重要工作。

天然产物,特别在植物中,含有两种以上性质类似的相关化合物相当多,它们通常被一起提取出来,分离这些成分,或为了除去杂质,经常用的分离方法就是色谱法。

本实验采用薄层层析和柱层析分离从红辣椒中提取出来的红色素。辣椒的显色物质主要是辣椒红色素。辣椒红色素是存在于辣椒中的类胡萝卜素类色素，占辣椒果皮的0.2%～0.5%。国外学者曾对辣椒中的类胡萝卜色素进行了深入细致的研究。已从辣椒中分离出50多种类胡萝卜素，其中已鉴别出30多种类胡萝卜素。研究表明，辣椒红色素最主要的成分是辣椒红素、辣椒玉红素。一般来说，辣椒红色素主要由以下成分组成：(1) 脂肪酸80%～85%，主要由亚油酸、油酸、棕榈酸、硬脂酸、肉豆蔻酸组成；(2) 维生素E 0.6%～1.0%、维生素C 0. 2%～1.1%；(3) 蛋白质(总氮)140～170 mg/100 g样品；(4) 类胡萝卜素11.2%～15.5%，主要由辣椒红素、辣椒玉红素、β-胡萝卜素、黄体素、玉米黄素、隐黄质等组成，其中辣椒红素和辣椒玉红素占总量的50%～60%。

红辣椒中含有几种色泽鲜艳的色素，这些色素可以容易地通过薄层层析和柱层析分离出来。在红辣椒的色素的薄层层析中，可以得到一个大的鲜红色的斑点，表明红辣椒的深红色是由这个主要色素产生的。研究结果证实了这种色素由辣椒红的脂肪酸酯组成。

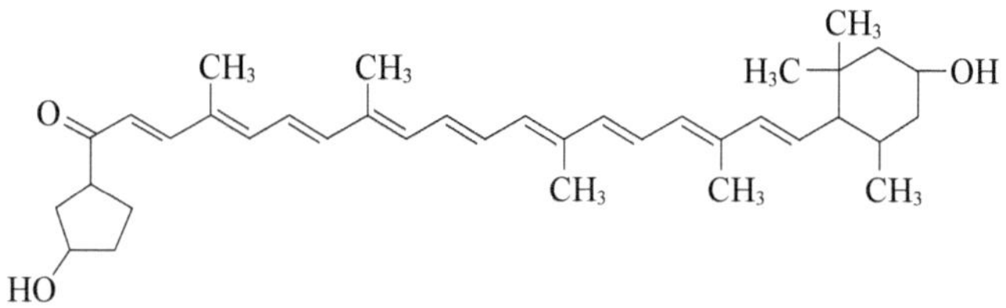

辣椒红

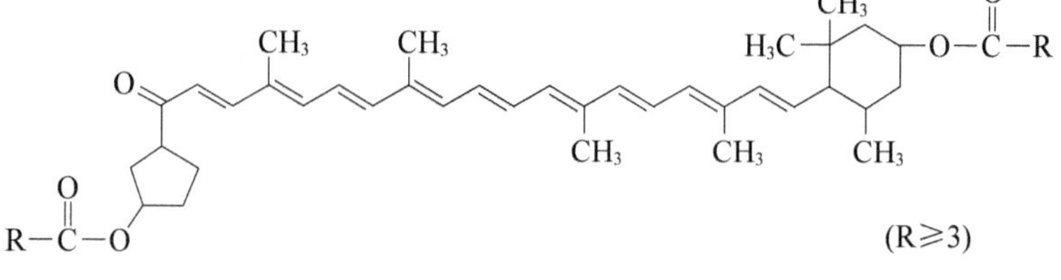

(R≥3)

辣椒红的脂肪酸酯

另一个具有稍大 R_f 值的较小红色斑点，可能是由辣椒玉红素的脂肪酸酯组成。红辣椒中还含有β-胡萝卜素。

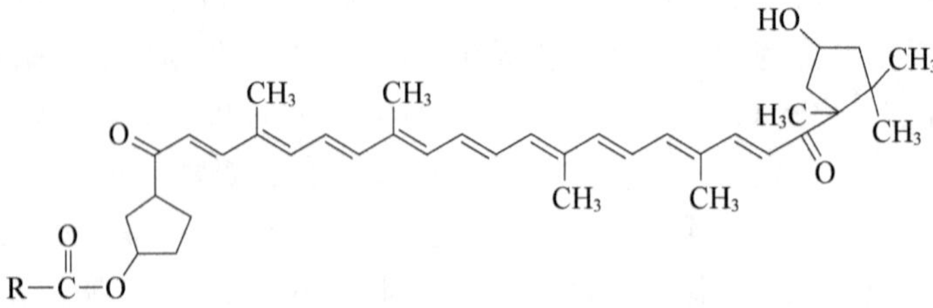

辣椒玉红素

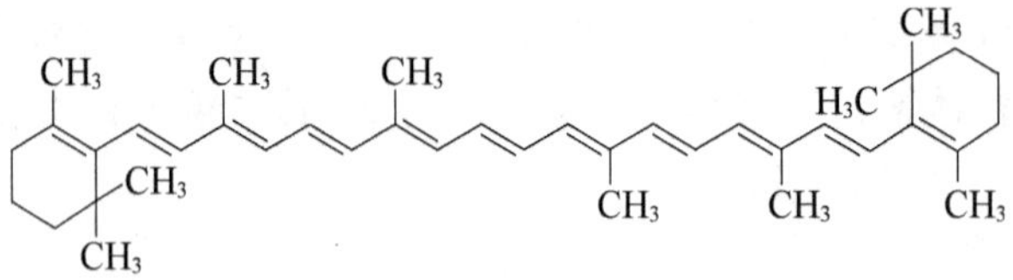

β-胡萝卜素

辣椒红素、辣椒玉红素及 β-胡萝卜素如同所有的类胡萝卜素化合物一样，都是由八个异戊二烯单元组成的四萜化合物。它们的颜色是由长的共轭双键体系产生的。该体系使得化合物能够在可见光范围内吸收能量，对辣椒红来说，这种对光的吸收使其产生红色。

【实验原理】

本实验以二氯甲烷为溶剂萃取红辣椒中的色素，得到的色素是混合物。然后，通过薄层层析来分析此粗混合物，使用硅胶薄板和二氯甲烷作为展开剂，进行定性分析，假定这个 R_f 值约为 0.6 的红色斑点为辣椒红的脂肪酸酯，那么，这就为鉴定和分离提供了必要的数据。然后，用柱层析分离这种粗色素的混合物，得到具有相当纯度的红色素。还可以从混合物的其他色素中分离出黄色素。

各组分在用薄层层析分析后，将含有红色素的组分合并起来，然后，测定 IR 光谱。

【预习内容】

(1) 层析薄板的制作及薄层层析的原理及操作方法。

(2) 层析柱的装柱及柱层析的操作。

(3) 查阅有关手册，了解纯红色素在 IR 中的特征。

【实验操作】

（1）萃取

在圆底烧瓶中放入3克红辣椒粉，加入二氯甲烷20 mL，回流20 min，冷却至室温，过滤，然后，蒸馏浓缩滤液，直至剩下1～2 mL浓缩液为止，得到色素的粗混合物。

（2）柱层析分离

在一块2 cm×8 cm的硅胶G薄板或自制薄板上点样后，在以CH_2Cl_2作展开剂的一只广口瓶（层析槽）中进行层析，记录每一点颜色，并计算它们的R_f值①，然后，用柱层析法分离$R_f=0.6$②的主要红色素。

将1 mL粗色素放到准备好的层析柱上，以CH_2Cl_2作洗脱剂洗脱色素，收集每个组分2 mL。当第二组红色素洗脱后，停止层析。并用薄层层析来检验柱层析的每一组分，合并相同的组分。

如果分离效果不好，用同样的步骤将合并的红色素再进行一次柱层析分离。将得到的红色素做IR。

【表征】

IR（KBr压片）：2 854～2 925 cm^{-1}（—CH_3，—CH_2—，═CH—伸缩振动吸收峰），1 738 cm^{-1}（酯基伸缩振动吸收峰），1 562 cm^{-1}、1 514 cm^{-1}（C═C伸缩振动吸收峰），1 372 cm^{-1}（C—O伸缩振动吸收峰），1 050 cm^{-1}（C—H变形振动吸收峰），962 cm^{-1}（—C═C—H碳氢面内变形振动吸收峰）。

【思考题】

（1）标示辣椒红与β-胡萝卜素中的异戊二烯单元。

（2）已知主要成分红色素是混合物，那么，为什么在薄层层析时它只形成一个斑点？

---

① R_f值定义为溶质迁移距离与流动相迁移距离之比。即薄层色谱法中原点到斑点中心(origin)的距离与原点到溶剂前沿(solvent front)的距离的比值，是色谱法中表示组分移动位置的一种方法的参数。在一定的色谱条件下，特定化合物的R_f值是一个常数，因此，可以根据化合物的R_f值鉴定化合物。

② R_f值约为0.6的红色斑点为辣椒红的脂肪酸酯。

实验十八　从茶叶中萃取分离咖啡因

【主题词】

生物碱;咖啡因;萃取;分离

【主要操作】

萃取;蒸发;重结晶;熔点测定

【实验目的】

(1) 掌握天然产物中提取分离生物碱的原理和方法。

(2) 了解茶叶中的主要成分及其生理功能。

(3) 学会索氏提取器连续萃取(抽提)、蒸馏和升华操作。

【背景材料】

生物碱是天然存在的胺类,在分离出它们的植物中起着尚未被人们了解的新陈代谢的作用。然而,它们在人体中的生理作用已引起人们对这类天然产物的广泛研究。从植物中分离得到的生物碱只有极少数归入到兴奋剂一类,其中,咖啡因——由于它存在于茶叶、咖啡、可乐果和可可豆所制成的饮料中,而被人们普遍地服用。咖啡因是不瞌睡(No-Dog)保持警觉(Keep-Alert)以及其他睡眠抑制药片中的主要成分;同时,它还是几种非处方的镇痛药,如米多尔(Midal)和复方阿司匹林(Aspirin)药片中的次要成分。咖啡因属于被称为黄嘌呤的一类生物碱的化合物。

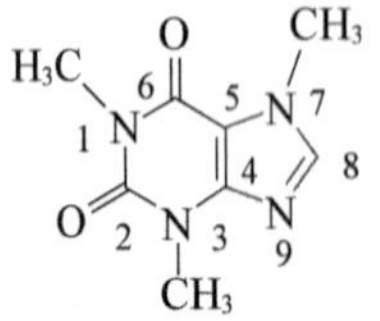

咖啡因 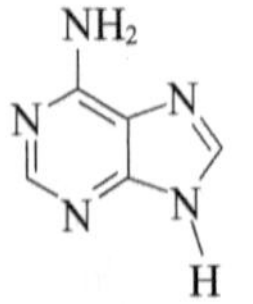　　腺嘌呤 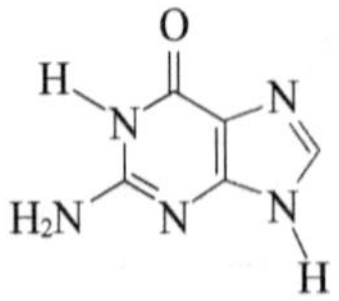　　鸟嘌呤

长期以来,人们并没有认识到咖啡因是有害的,然而,现代研究揭示了咖啡因不但会使人上瘾,而且,对某些人来说,在生理上还有危害作用。那些长期以来每天饮服数杯咖啡的人,如果在 18 小时以上的时间内不喝咖啡的话,

他们就会感觉到头痛，一旦患者吸取在咖啡、茶叶或丸剂形式中的咖啡因后，头痛症状立即消失。有些研究者认为，由于咖啡因与在DNA和RNA中发现的腺嘌呤和鸟嘌呤两种嘌呤碱具有相似的结构，因此，它可以取代DNA中的碱，引起基因突变。

咖啡因还是一种作用和缓的利尿剂。药用咖啡因是APC(阿司正林-非那西汀-咖啡因)头痛镇痛药丸中的一个组分，它还可以与麦角生物碱盐——麦角胺的酒石酸盐结合起来治疗偏头痛病。咖啡因，特别在有麦角胺存在时，能起到使头部血管局部收缩的作用。

在可可豆和咖啡因中还发现第二个黄嘌呤化合物——可可碱，它和咖啡因相似，也可以作为兴奋剂和利尿剂。另一种黄嘌呤化合物——茶碱，是茶叶中的次要成分。作为兴奋剂，对中枢神经系统的作用有限，但它却是一种强烈的心肌兴奋剂，能引起冠状动脉扩张而得以松弛，已被用来治疗心绞痛、严重的胸痛和充血性心力衰竭。可可碱与茶碱同样是一种利尿剂。

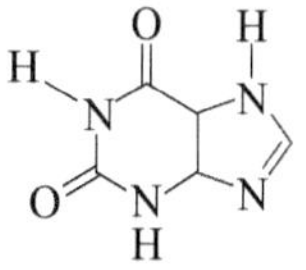

可可碱 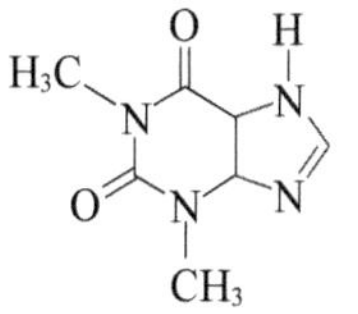　　　　茶碱

2015年诺贝尔医学奖获得者中国药学家屠呦呦，利用低温乙醚从黄花蒿(《肘后备急方》的青蒿)中萃取青蒿素，研制新型抗疟药——青蒿素和双氢青蒿素，有效降低疟疾患者的死亡率。二十年来青蒿素和它的衍生物走向国际抗疟临床，并成为全球抗疟的一线药物。根据世界卫生组织的统计：2000年至2015年期间全球疟疾发病率下降了37%，疟疾患者的死亡率下降了60%，全球共挽救了六百二十万生命。

屠呦呦，女，1930年12月30日生于浙江宁波，药学家，中国中医研究院终身研究员兼首席研究员，青蒿素研究开发中心主任，博士生导师。1955年，毕业于北京医学院(今北京大学医学部)。20世纪60年代初，全球疟疾疫情难以控制，1969年1月，39岁的屠呦呦接受了国家523抗疟药物研究的艰巨任务，被任命为中医研究院中药抗疟科研组组长，她带领课题组成员不辱使命，从本草研究入手编撰了载有六百四十种药物的疟疾单密验方集等资料，并进行三百余次筛选实验，确定了以中药青蒿为主的研究方向，但大量实验发现，青蒿的抗疟效果并不理想。她又系统查阅文献，特别注意在历代用药经验中萃取药物的方法。当她再一次转向古老中国智慧时，东晋名医葛洪《肘后备急方》中称："青蒿一握，以水二升渍，绞取汁，尽服之"可治"久疟"。屠呦呦改"水渍"为"高温乙醇萃取"，因为青蒿素为脂溶性而非水溶性，适合用有机溶剂提取，但青蒿的抗疟效果也不佳，琢磨这段记载，她认为很有可能在高温的情况下，青蒿的有效成分被破坏了，于是她改"高温乙醇萃取"为用"乙醇冷浸萃取法"，所得青蒿提取物对鼠疟的效价显著提高，接着，用低沸点溶剂乙醚萃取，效价更高，而且趋于稳定。功夫不负有心人，在经历了190次失败后，项目组得到了对疟疾抑制率达百分之百的青蒿乙醚中性提取物，为了能尽快把乙醚中性提取物拿到当时国内的疟疾疫区试用，屠呦呦和团队其他两位同志甚至以身试药成为第一批志愿者，在北京东直门医院住院一周，试药剂量逐渐加大，最终试验确定此药安全。2015年10月，屠呦呦获得诺贝尔生理学或医学奖，成为首获科学类诺贝尔奖的中国本土科学家、第一位获得诺贝尔生理学或医学奖的华人科学家。2019年在中华人民共和国成立七十周年之际，屠呦呦荣获共和国勋章。

【实验原理】

生物碱类大多与有机酸结合成盐，而存在于中草药中，只有少数因碱性特别弱，如咖啡因，是游离状存在的。而黄连中小檗碱是与盐酸结合的。根据生物碱的一般性质，提取时，常常是先将原材料磨碎，用水、酒精或稀酸来提取，或磨碎的原料先以碱处理，使生物碱全部转为游离状态，再用有机溶剂提取。

从茶叶中提取咖啡因，为了使咖啡因与非水溶性的纤维素分离开来，将茶叶在热水中煮沸，这样，得到的溶液中含有水溶性的咖啡因、棕色的黄酮类色素、叶绿素和丹宁。碱性的生物碱化合物咖啡因约占茶叶重量的3%，它是一种能溶于二氯甲烷的化合物，这样，就容易地把咖啡因从茶叶的水溶液中提取出来。

一类水溶性的丹宁实际上是一种酯的混合物，是没食子酸基连接到葡萄糖中的某一位置（通常是游离的羟基位置）而成。在热水中丹宁经部分水解而生成没食子酸。

另一类丹宁是聚合物，它由葡萄糖和儿茶素所组成。上述的两种类型的丹宁以及热水中水解生成的没食子酸起到酸的作用，可中和碱。除非另外中和，丹宁和副产物要与碱——咖啡因反应，生成一种盐而沉淀下来，而难以回收到纯净的咖啡因。因此，在将茶叶放到热水之前，就要将碳酸钙加到茶叶中，碳酸钙与丹宁反应，生成不溶性的钙盐。

接着，用二氯甲烷将这种游离生物碱从溶液中萃取出来，二氯甲烷不能将黄酮类色素从水溶液中移除，但它却能将叶绿素提取出来。这样，蒸发萃取剂二氯甲烷就得到含叶绿素的粗咖啡因。再用丙酮和石油醚作为溶剂重结晶，即可得到纯净的咖啡因。也可以用升华的方法进行纯化。

【预习内容】

（1）画出分离咖啡因的操作步骤流程图。

（2）用混合溶剂进行重结晶的方法。

（3）熔点的测定方法。

【仪器与试剂】

（1）仪器：圆底烧瓶；回流冷凝管；加热套；真空泵；布氏漏斗；冰水浴；长颈玻璃漏斗；索氏提取器；蒸发皿；直形冷凝管；接液管；石棉网；玻璃漏斗。

（2）试剂：茶叶；粉状碳酸钙；二氯甲烷；棉花；滤纸；沸石；95%乙醇；生石灰。

【实验操作】

方法 1

（1）提取

用滤纸制作圆柱状滤纸筒，称取 10 g 茶叶，用研钵捣成茶叶末，装入滤纸筒中，将开口端折叠封住，放入提取筒中，将 250 mL 圆底烧瓶安装于电热套上，放入 2 粒沸石，安装好索氏提取装置，从仪器上部的回流冷凝管中加入够三次虹吸量的 95%乙醇，打开电源，加热回流。随着回流的进行，当提取筒中回流下的乙醇液的液面稍高于索氏提取器的虹吸管顶端时，提取筒中的乙醇液发生虹吸并全部流回到烧瓶内①，然后再次回流，虹吸，记录虹吸次数，虹吸 5～6 次后，当提取筒中提取液颜色变得很浅时，说明被提取物已大部分被提取，待冷凝液刚刚虹吸下去时，停止加热，移去电热套，冷却提取液，拆除索氏提取器②。

（2）纯化

安装冷凝管蒸馏回收提取液中大部分乙醇，至剩余 10 mL 左右时趁热倾

---

①　当流入索氏提取器中的液体量超过虹吸管的高度时，液体会沿着虹吸管全部被虹吸至下边的烧瓶中，完成一次虹吸。

②　若提取筒中仍有少量提取液，倾斜使其全部流到圆底烧瓶中。

入盛有 10 g 生石灰①的底部垫有石棉网的蒸发皿中，小心加热先搅拌成糊状，再蒸干成粉状(注意不可烤焦)。冷却后，擦去沾在边上的粉末，以免升华时污染产物，将一张刺有许多小孔的圆形滤纸盖在蒸发皿上(刺孔向上)，取一只大小合适的玻璃漏斗罩于其上，漏斗颈部疏松地塞一团棉花，用电热套小心加热蒸发皿②，慢慢升高温度，使咖啡因升华③。咖啡因通过滤纸孔遇到漏斗内壁凝为固体，附着于漏斗内壁和滤纸上。当纸上出现白色针状晶体时，暂停加热，冷至 100 ℃左右，揭开漏斗和滤纸，仔细用小刀把附着于滤纸及漏斗壁上的咖啡因刮入表面皿中。将蒸发皿内的残渣加以搅拌，重新放好滤纸和漏斗，用较高的温度再加热升华一次。此时，温度也不宜太高，否则蒸发皿内大量冒烟，产品既受污染又遭损失，合并两次升华所收集的咖啡因，测定熔点，用红外光谱表征。

方法 2

(1) 提取

在 500 mL 圆底烧瓶中加入 30 g 茶叶和 30 g 粉状碳酸钙，再加 250 mL 水，加热，温和回流 30 min，防止茶叶冲入冷凝管。回流结束后，将热溶液通过布氏漏斗进行减压抽滤，滤液用冰水浴冷却，用二氯甲烷 30 mL 萃取滤液 3 次，将二氯甲烷通过布有小棉花团的长颈玻璃漏斗中过滤，除去部分固体物质及乳浊液，然后，用旋转蒸发仪减压蒸馏回收二氯甲烷，得粗咖啡因，称重。

(2) 纯化

在粗咖啡因中加入 10 mL 丙酮，加热至沸，当固体溶解后趁热过滤，滤液冷却，使咖啡因结晶析出，减压过滤，取出晶体。如果颜色不够白，那么重复操作，直至得到纯净的白色晶体，干燥、称重、测定产物熔点。

---

① 蒸馏加入生石灰的目的之一是吸收水分，防止升华时产生水雾，污染容器壁，目的之二是中和茶叶中的丹宁。因为水溶性丹宁是没食子酸的葡萄糖羟基酯的混合物，聚合型丹宁由葡萄糖和茶多酚组成，这两种丹宁在热 95% 乙醇中部分水解分别生成没食子酸或茶多酚，可与具有碱性的咖啡因发生酸碱中和反应而降低咖啡因提取率。

② 在萃取回流充分的情况下，升华操作是实验成败的关键。升华过程中，始终都需用小火间接加热。如温度太高，会使产物发黄。注意温度计应放在合适的位置，使之正确反映出升华的温度。如无沙浴，也可以用简易空气浴加热升华，即将蒸发皿底部稍离开石棉网进行加热，并在附近悬挂温度计指示升华温度。

③ 咖啡因在 178 ℃升华加快，因此，用升华的方法进行纯化。

【表征】

白色针状结晶，熔点：235 ℃～237.5 ℃。IR(KBr 压片)：3 114 cm^{-1}(芳香环 C—H 的伸缩振动)，2 959 cm^{-1} ($N—CH_3$ 的 C—H 伸缩振动)，1 702 cm^{-1}(2 位碳原子上羰基 C═O 伸缩振动)，由于受邻位 N 原子诱导效应的影响所以出现在较高的波数 1 662 cm^{-1}(6 位碳原子上 C═O 伸缩振动)，1 600 cm^{-1}和 1 551 cm^{-1}(4，5 原子 C═C 伸缩振动和 8，9 原子 C═N 伸缩振动叠加出现)，1 485 cm^{-1}，1 456 cm^{-1}，1 426 cm^{-1}(C—H 变形振动)，1 551 cm^{-1}和 1 360 cm^{-1}(O═C—N 中 C—N 的伸缩振动)，1 026 cm～11 190 cm^{-1}(3 位 N 和 4 位 C 的 C—N 伸缩振动)。

【思考题】

(1) $CaCO_3$ 与没食子酸之间发生了什么反应？如果不加入 $CaCO_3$ 对产物收率有何影响？

(2) 咖啡因中哪个氮的碱性最强？试解释之。

(3) 如果分离产物与纯咖啡因的混合熔点显著降低或熔程较大，你将做出何种结论？

实验十九　盐酸小檗碱的提取分离与鉴定

【主题词】

盐酸小檗碱；提取分离；鉴定

【主要操作】

萃取；分离；表征

【实验目的】

(1) 学习生物碱的初步提取分离方法。

(2) 掌握利用柱色谱分离纯化、薄层色谱鉴定药用植物成分的方法。

【背景材料】

生物碱是植物中含氮的碱性有机化合物，大多有明显的生理活性，是许多中草药中的有效成分，是人类对植物研究得最早最多的一类有效成分，目前，已分离出有六千余种。这些生物碱在植物体内一般均与有机酸或无机酸结合成盐而存在，只有弱碱性生物碱会呈游离状态，还有一些是与糖类结合成苷而存在。小檗碱(Berberine)又名黄连素，是最先从毛茛科黄连和芸香科黄柏等植物中提出的一种黄色生物碱。黄连属植物的根、茎、须根和叶等中都含有小檗碱、黄连碱、药根碱及巴马亭等生物碱，我国黄连药材产量居世界第一位。三颗针及黄连中均含有小檗碱及巴马亭(掌叶防己碱)、药根碱等，它们均有明显的抗炎作用，常见黄连生物碱结构式如表 5-1。各地产黄连根茎小檗碱及总生物碱含量分别为 4.2%～6.7%，6.6%～9.6%；栽培种比野生种含量少 20%左右。黄连除根茎作药材外，各部位均含小檗碱，黄连须根为 0.8%～5.5%，叶为 1.49%，老叶为 2.5%～2.8%，花为 0.56%，种子为 0.23%。目前已发现唐松草属、小檗科的小檗属、十大功劳属及防己科的天仙藤属等都可作为提取小檗碱的资源植物。

物美价廉的中药黄连素通常用来治疗痢疾和肠炎，还可以用于防治冠心病、糖尿病，中国专家在临床上发现，黄连素具有降血糖及降血脂功能，并从分子水平上揭开了黄连素降血脂的奥秘，研究成果发表在世界权威杂志《自然》上，该杂志编者按表明：中国的黄连素是“他汀类”药物的理想补充。此成果成为发掘祖国医学宝库中一件重要事件，也标志着我国天然产物药物研究获得世界领先的成就。研究人员分别进行了细胞动物实验和临床研究，证实黄连素促进肝细胞对低密度脂蛋白的吸收，从而降低血脂，其作用机理与“他汀类”药物完全不同，但降脂效果等同于“他汀类”药物，对病人肝肾功能无明显影响。由于黄连素比“他汀类”药物便宜几十倍，因此黄连素降血脂作用的发现对于高血脂糖尿病及心血管疾病的防治具有不可低估的价值。发现了具有我国自主知识产权的降血脂中药，阐明了作用的分子机理，用于临床，大大节省了医疗成本，可直接造福全世界高血脂病人，具有极高的理论意义和广泛的临床应用前景。

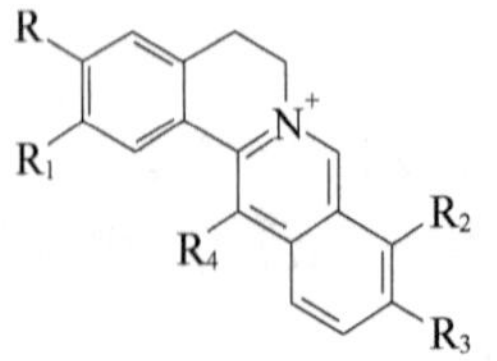

黄连生物碱类结构通式

表 5－1　常见黄连生物碱结构式

化合物	R	R_1	R_2	R_3	R_4
小檗碱	$—O—CH_2—O—$		$—OCH_3$	$—OCH_3$	—H
甲基黄连碱	$—O—CH_2—O—$		$—O—CH_2—O—$		$—CH_3$
黄连碱	$—O—CH_2—O—$		$—O—CH_2—O—$		—H
掌叶防己碱	$—OCH_3$	$—OCH_3$	$—OCH_3$	$—OCH_3$	—H
药根碱	—OH	$—OCH_3$	$—OCH_3$	$—OCH_3$	—H
古伦胺碱	$—OCH_3$	—OH	$—OCH_3$	$—OCH_3$	—H

小檗碱是一种季铵碱，其游离碱为黄色针晶，熔点为 145 ℃，微溶于水，能溶于热水和乙醇中，难溶于苯、丙酮、氯仿，几乎不溶于石油醚。小檗碱与氯仿、丙酮及苯在碱性条件下均能形成加成物。

【实验原理】

小檗碱盐酸盐难溶于冷水，易溶于热水，硫酸盐易溶于水。溶解度分别为：小檗碱，1∶20(冷水)，1∶100(冷乙醇)；盐酸盐，1∶500(冷水)；硫酸盐，1∶30 (冷水)。利用盐酸盐及硫酸盐在水中溶解度不同，先将药材中的小檗碱转变为硫酸盐用水提出；再使其转化为盐酸盐，结合盐析法降低其在水中的溶解度，以制得盐酸小檗碱。本实验即是用小檗属植物三颗针或黄连属黄连作为提取的原料。

【预习内容】

(1) 柱色谱分离纯化。

(2) 纸色谱及硅胶薄层色谱鉴定化合物的方法。

【仪器与试剂】

(1) 仪器：色谱柱、研钵、烧杯、硅胶薄层板、滤纸、抽滤装置、紫外灯、色谱缸。

(2) 试剂：三颗针根粉(或黄连根粉)；0.5%硫酸；石英砂；脱脂棉；石灰乳；食盐水(5%，10%)；10%盐酸；浓盐酸；氧化铝；95%乙醇；无水乙醇；10%氢氧化钠溶液；滤纸；硅胶；氯仿∶氨∶甲醇(体积比 30∶1∶8)，氯仿∶乙醇∶0.1 mol/L 盐酸(体积比 1∶1∶1，下层)。

【实验操作】

(1) 小檗碱粗品的制备

方法 1:取三颗针的根粗粉(过 20 目筛)20 g,以适量的 0.5%硫酸润湿,拌以 50 g 石英砂,混匀,装入底部塞有脱脂棉的色谱柱中,关闭旋塞。加入适量的 0.5%硫酸,使之浸没药面,浸泡一昼夜。逐渐加入 0.5%硫酸即开始渗漉,约收集 200 mL 溶液。再用 150 mL 左右 0.5%硫酸溶液浸泡一天并渗漉。收集液用石灰乳 $Ca(OH)_2$ 中和多余的硫酸,调 pH=7,滤除沉淀,向滤液中加适量 5%食盐水至饱和,并以 10%盐酸调 pH=2～3,静置(过夜),滤出沉淀,并用少量水洗涤。向沉淀中加适量热水溶解,用石灰乳调节 pH=8.5～9.8,趁热滤除杂质,滤液在搅拌下加浓盐酸至 pH=2,冷却静置,滤取析出的沉淀,用水洗涤至中性,抽滤至干。50 ℃以下干燥,即为盐酸小檗碱粗品(成品)。

方法 2①:取三颗针的根粗粉(过 20 目筛)20 g,置于 500 mL 烧杯中,加入 8 倍量 0.5%硫酸使之浸没药面,浸泡 24 h,用脱脂棉过滤。滤液加石灰乳中和多余硫酸,调 pH=2～3,静置 30 min,滤除沉淀,滤液用 10%盐酸调 pH=2～3,再向滤液中加适量 10%食盐水②,搅拌使完全溶解后,继续搅拌至溶液出现混浊现象为止,静置(过夜),滤出沉淀。并用少量水洗涤至中性,抽滤至干。50 ℃以下真空干燥,即为盐酸小檗碱粗品。

(2) 盐酸小檗碱精制

方法 2 所得小檗碱还需精制。取所得粗品放入 20 倍量沸水中,搅拌溶解后,继续加热数分钟,趁热过滤③。滤液滴加一滴浓盐酸,静置(过夜),滤取结晶,用蒸馏水洗数次,抽滤至干,50 ℃以下真空干燥,即为精制盐酸小檗碱。

---

① 硫酸水溶液浸出效果与浸泡时间有关,浸泡 12 h 约可浸出小檗碱 80%,浸泡 24 h,可浸出 92%。常规浸出应浸泡多次,使小檗碱提取完全,本实验中浸出液只收集第 1 次的浸泡液。

② 盐析时,加入氯化钠的量,以提取液体积的 10%计算,即可达到析出盐酸小檗碱的目的。氯化钠的用量不宜过多,否则溶液的相对密度增大,造成盐酸小檗碱微细结晶呈悬浮态难以下沉。

③ 在精制盐酸小檗碱过程中,因盐酸小檗碱放冷极易析出结晶,所以加热煮沸后,应迅速抽滤或保温过滤,防止溶液在过滤过程中冷却,析出盐酸小檗碱结晶,造成过滤困难,降低收率。

(3) 氧化铝柱色谱分离纯化盐酸小檗碱①

(i) 氧化铝色谱柱制备

取一支 2.0 cm×30 cm 色谱柱,柱底覆盖少许脱脂棉,柱内加入一定体积95%乙醇,打开旋塞,让溶液慢慢流出。此时将已搅拌混均的氧化铝 95%乙醇悬液(色谱氧化铝 120~140 目,25~30 g)不断加入色谱柱内,加完后,轻敲柱体,使各部分氧化铝均匀紧密一致。待氧化铝沉降稳定(表面应平整),表面保持有少量溶剂(0.5 cm 左右),关闭旋塞。

(ii) 进样

取约 50 mg 左右的盐酸小檗碱粗品,用尽量少的无水乙醇溶解制成溶液。用吸管吸取样液沿柱壁四周小心加入,打开色谱柱旋塞使有溶剂滴下,待液面即将与氧化铝表面相平时,迅速用少量无水乙醇将柱壁样液洗下,待液面下降后再洗,反复多次,直至表面溶剂无色,让样品完全持留于氧化铝中并保留有1 cm 左右溶剂,此时加入少许石英砂覆盖氧化铝表面,并沿管壁加入足量洗脱剂。在此过程中要准确迅速,洗涤溶剂尽量少并尽可能不要扰动,使氧化铝表面平整。

(iii) 洗脱

使溶剂继续滴下(注意向柱内添加无水乙醇,保持柱体湿润),洗脱样品。按每分钟 5~10 mL 收集洗脱液,并着重收集各个色段(从下至上):鲜黄色、橘红色(棕色段可不再洗脱),收集到的洗脱液经浓缩后进行检测鉴定。

(iv) 氧化铝再生回收

色谱分离后弃去氧化铝柱上端带深色部分,取出剩余氧化铝,依次用10%氢氧化钠溶液和水洗涤,晾干后经 400 ℃烘 4~6 h 活化再生即可备用。

(4) 盐酸小檗碱的鉴定

(i) 纸色谱鉴定②

样品:柱色谱分离出的鲜黄色段及橘红色段醇液

标准品:盐酸小檗碱醇液

展开剂:氯仿:乙醇:0.1 mol/L 盐酸(体积比 1:1:1,下层)

显色方法:自然光或紫外灯下观察,计算各样点 R_f 值并对各点进行归属

---

① 进行柱色谱分离时,洗脱过程中需及时补加洗脱剂保持柱体润湿均匀;若柱体干裂,则分离无法进行。

② 纸色谱检测时需预先要将色谱纸在展开剂气氛中饱和 15~30 min,否则分离效果效果不佳。

(ii) 硅胶薄层色谱鉴定

样品、标准品及显色方法均同上。

展开剂:氯仿∶氨∶甲醇(体积比 30∶1∶8)

【表征】

IR(KBr 压片):3 201 cm^{-1}(芳环 C—H 伸缩振动),2 910 cm^{-1},2 854 cm^{-1}(饱和烃基 C—H 伸缩振动),2 780 cm^{-1}(亚甲二氧基 C—H 对称伸缩振动)、1 505 cm^{-1}(芳环 C—C 骨架振动),1 447 cm^{-1}(亚甲二氧基 C—O 伸缩振动),1 259 cm^{-1}、1 038 cm^{-1}(苯环相连的═C—O—C 伸缩振动)。

【思考题】

(1) 在提取过程中为什么用稀硫酸冷浸而不用稀盐酸冷浸?加入食盐的目的是什么?

(2) 小檗碱有哪三种可以互变的结构式?哪一种最稳定?

(3) 如果利用黄连叶片作原料,那么如何提取小檗碱?

第六章　应用实验

实验二十　洗发调理香波的配制

【主题词】

表面活性剂;复配;洗发香波

【主要操作】

水浴加热;机械搅拌;pH 测定;罗式泡沫仪

【实验目的】

(1) 掌握洗发香波的配制工艺。

(2) 了解洗发香波中各成分的作用和配方原理。

(3) 学会用罗式泡沫仪测定表面活性剂的起泡性能。

【背景材料】

1904 年,法国化学家卡尼尔(Alfred Amour Garnier)发明了含植物精华洗发水,改变了长期以来人们用肥皂洗头的习惯。相比香皂、肥皂,洗发水优点为:起泡和清洁能力较强,即使在水质较硬的情况下,也能产生丰富的泡沫易于清洗,不会留下不必要的沉淀物残渣;较皂类产品更温和。在 60～70 年代,我国仍旧使用香皂、洗衣粉和洗发膏等原始产品清洁头发,70 年代末,国内生产了第一瓶洗发露——蜂花,发展至今,已经成为世界上洗发水生产量和销售量最高的国家,目前,国内市场上的洗发水品牌超过 3 000 个。

洗发香波(Shampoo)即洗发水是洗发用化妆洗涤用品,现代的洗发香波已突破了单纯的洗发功能,成为洗发、护发、美发等化妆型的多功能产品。洗发香波中含有多种成分,这些成分中起主要作用的是表面活性剂,起着清洁头发和头皮的作用,当洗发液与水混合时产生泡沫,表面活性剂的水溶液都有不同程度的发泡作用。

泡沫是一种气体分散在液体中的分散体系，其中气体是分散相，液体是分散介质。泡沫对污垢有强烈的吸附作用，对防止污垢在织物上的再沉积有很大益处，因而与洗涤去污有一定的内在联系，然而，泡沫过多会使织物难于漂洗干净。工业上泡沫常用于泡沫浮选、泡沫分离、灭火及食品工业等。泡沫最重要的两种性能是溶液的起泡能力（起泡的难易程度）和泡沫的稳定性（泡沫破裂的难易程度）。溶液起泡能力和泡沫的稳定性不但与溶液中溶质的性质和起泡的物理或化学条件有关，而且在很大程度上与检测及评价方法相关。目前用于表征泡沫性质的方法有许多，较常用的有检测泡沫体积变化的罗式泡沫法，检测泡沫电导率变化的电导率法以及基于检测泡沫压强变化的压力法。

【实验原理】

1. 配方原则

在对产品进行配方设计时要遵循以下原则：

① 具有适当的洗净力和柔和的脱脂作用；

② 能形成丰富而持久的泡沫；

③ 具有良好的梳理性；

④ 洗后的头发具有光泽、潮湿感和柔顺性；

⑤ 洗发香波对头发、头皮和眼睑要有高度的安全性；

⑥ 易洗涤、耐硬水，在常温下洗发效果应最好；

⑦ 用洗发香波洗发，不应给烫发和染发操作带来不利影响。

2. 原料要求

配方设计时，除应遵循配方原则，还应注意选择表面活性剂，并考虑其配伍性良好。主要原料要求：

① 提供泡沫和去污力作用的主表面活性剂，其中以阴离子表面活性剂（如十二烷基硫酸钠）和非离子表面活性剂（如椰子油酸二乙醇酰胺等）为主；

② 增进去污力和促进泡沫稳定性，改善头发梳理性的辅助表面活性剂，其中包括阴离子型表面活性剂（如油酰胺基酸钠，即雷米邦 Lamepon）、非离子型表面活性剂（如聚氧乙烯山梨醇酐单硬脂酸酯即吐温 Tween、烷醇酰胺即尼诺尔）、两性离子型表面活性剂（如十二烷基二甲基甜菜碱）；

③ 功能性成分，营养剂（如维生素 E、维生素 B、氨基酸）、去头屑药物（如硫化硒、吡啶硫酮锌）、螯合剂（乙二胺四乙酸钠）、增稠剂（氯化钠、脂肪酸聚氧乙烯酯）、遮光剂或珠光剂（硬脂酸乙二醇酯）、防腐剂（尼泊金酯）、抗氧化剂

(BHT、BHA)、固色剂、稀释剂、增溶剂、染料、柔软剂和香精等；

④ pH 调节剂，控制 pH 值在 4～6 为好，用 pH 值大于 10 的碱性液洗头发，会使头发失去光泽，常用的酸度调节剂为山梨酸钾或柠檬酸。

⑤ 洗发香波参考配方如表 6－1 所示。

表 6－1 洗发香波参考配方

原料名称		调理香波	透明香波	珠光香波	透明香波	
		理论投料(ω/ω)%	理论投料(ω/ω)%	理论投料(ω/ω)%	理论投料(ω/ω)%	实际投料(ω/ω)%
原料	脂肪醇聚氧乙烯醚硫酸钠(AES)	8.0	18	9	4	
	脂肪酸二乙醇酰胺(6501，尼诺尔)	4.0	5	4	4	
	十二烷基二甲基甜菜碱(BS－12)	6.0	5.0	12.0		
	十二烷基苯磺酸钠				15	
	硬脂酸乙二醇酯①			2.5		
	柠檬酸	适量	适量	适量	适量	
	苯甲酸钠	1.0				
	乙二胺四乙酸钠(EDTA)	0.5	0.5	0.5	0.5	
	香精	适量	适量	适量	适量	
	色素	适量	适量	适量	适量	
	氯化钠	1.5		适量		
	去离子水	余量	余量	余量	余量	
产品	总固量/g					
	颜色					
	起泡高度/cm					
	气味					

① 用食盐增稠时，食盐需配成质量分数为 20%的溶液。食盐的加入量不得超过香波总质量的 3%。

【预习内容】

（1）洗发香波配方原则。

（2）洗发香波配方各种原料的作用或功能。

【仪器与试剂】

（1）仪器：水浴锅、电炉、电动搅拌器、罗式泡沫仪、温度计（0～100 ℃）、烧杯（100、250 mL）、量筒（10、100 mL）、电子天平。

（2）试剂：脂肪醇聚氧乙烯醚硫酸钠（AES）；脂肪酸二乙醇酰胺（6501）；十二烷基苯磺酸钠（LAS-Na）；十二烷基二甲基甜菜碱（BS－12）；柠檬酸；氯化钠；苯甲酸钠；香精；乙二胺四乙酸；50%柠檬酸溶液；色素。

【实验步骤】

（1）按照“6－1 洗发香波参考配方”中的调理香波称取原料；

（2）溶解表面活性剂

在250 mL烧杯中加入一定量去离子水和脂肪醇聚氧乙烯醚硫酸钠8份，将烧杯放入水浴锅中加热至50 ℃，不断搅拌至全部溶解。控温在50～60 ℃，在连续搅拌下加入脂肪酸二乙醇酰胺4份、十二烷基苯磺酸钠5份、十二烷基二甲基甜菜碱2份，搅拌直至全部溶解。

（3）添加功能性成分

降温至40 ℃以下加入适量香精，苯甲酸钠1份，色素、螯合剂乙二胺四乙酸钠0.5份、氯化钠1.5份[①]等，搅拌均匀。

（4）调节pH

用pH计测定pH，用柠檬酸溶液调pH至5.5～7.0[②]，用去离子水调至100份。

（5）罗式泡沫仪测定香波的起泡性能，产品标准参见GB/T1974－94，GB/T7916－87。

---

① 用食盐增稠时，食盐需配成质量分数为20%的溶液。食盐的加入量不得超过香波总质量的3%。

② 用柠檬酸调节pH值时，柠檬酸需配成质量分数为50%的溶液。

【思考题】

(1) 洗发香波配方设计的原则有哪些?

(2) 配制洗发香波主要成分有哪些? 各成分的作用是什么?

(3) 洗发香波配制的主要原料有哪些? 为什么必须控制香波的 pH 值?

实验二十一　水溶性醋酸乙烯乳胶涂料的制备

【主题词】

聚醋酸乙烯酯;合成;醋酸乙烯乳胶漆;乳胶涂料;水溶性;复配

【单元反应】

自由基聚合反应

【主要操作】

分水;回流;减压蒸馏;干燥

【实验目的】

(1) 了解自由基聚合的原理。

(2) 学习涂料的基本知识,掌握醋酸乙烯乳胶漆的制法和水溶性涂料复配实验技术。

(3) 理解聚醋酸乙烯酯乳液中各组分的作用。

【背景材料】

树脂以微细粒子团(粒径 0.1～2.0 μm)的形式分散在水中形成的乳液称为乳胶。乳胶可分为分散乳胶和聚合乳胶两种。在乳化剂存在下靠机械的强力搅拌使树脂分散在水中而制成的乳液称为分散乳胶。由乙烯基类单体按乳液聚合工艺制得的乳胶称为聚合乳胶。用于制取水性涂料的聚合乳胶主要有醋酸乙烯乳胶、丙烯酸酯乳胶、丁苯乳胶以及醋酸乙烯与其他单体共聚的乳胶。乳液聚合是在机械搅拌下,用乳化剂使单体在水中分散成乳液而进行的聚合反应。乳化剂可用阴离子型或非离子型表面活性剂,如十二烷基硫酸钠、烷基苯磺酸钠、辛基酚聚氧乙烯醚(乳化剂 OP,非离子表面活性剂)等。聚乙烯醇是醋酸乙烯酯聚合常用的乳化剂，它兼起着增稠和稳定胶体的作用，乳液聚合所用的引发剂是水溶性的，如过硫酸盐，当溶液的 pH 值太低时，过硫酸盐引发的聚合速度太慢，因此，乳液聚合要控制好 pH 值，使反应平稳，同时达到稳定乳胶液分散状态的目的，要把乳胶进一步加工成涂料，必须使用颜料和助剂。基本的助剂有分散剂、增稠剂、防霉剂、增塑助剂和成膜助剂、消泡剂和防锈剂等。此外还按涂料的具体用途加入其他助剂。

使用乳胶漆可以节省大量的溶剂，具有节能和环保及安全、无毒、使用方便的优点。在建筑用涂料中，绝大部分为乳胶漆，其中以价廉的醋酸乙烯乳胶漆应用最多，普遍用于建筑物内表面涂料，具有价廉、使用简便、耐水性好等特点。

【实验原理】

本实验以聚乙烯醇为乳化剂和保护胶体及阻止乳液沉降的增稠剂，表面活性剂 OP－10 也为乳化剂，水为分散介质，过硫酸钾为水溶性引发剂，正辛醇为消泡剂，以醋酸乙烯酯为单体，采用乳液聚合法制备聚醋酸乙烯酯乳液。再以水为分散介质、羧甲基纤维和甲基丙烯酸钠为增稠剂、六偏磷酸钠为分散剂、亚硝酸钠为防锈剂、滑石粉和钛白粉为填料，制备聚醋酸乙烯酯乳胶漆。

醋酸乙烯酯聚合属自由基聚合反应，反应方程式如下：

$$n\underset{\displaystyle \underset{|}{}\,COOCH_3}{CH_2{=}CH} \xrightarrow[\text{聚乙烯醇}]{K_2S_2O_8,\ OP-10} \left[\!-CH_2-\underset{\displaystyle |\atop COOCH_3}{CH}-\!\right]_n$$

【预习内容】

（1）了解自由基聚合反应的机理。

（2）水溶性涂料的优势在哪里？

【仪器与试剂】

（1）仪器：三口烧瓶；加热套；电动搅拌器；温度计；滴液漏斗；回流冷凝管。

（2）试剂：聚乙烯醇；去离子水；乳化剂 OP－10；正辛醇；醋酸乙烯酯；过硫酸钾；5％碳酸氢钠溶液；邻苯二甲酸二丁酯；羧甲基纤维素；聚甲基丙烯酸钠；六偏磷酸钠；亚硝酸钠；滑石粉；钛白粉。

【实验操作】

（1）实验准备

将 2.0 g 聚乙烯醇[①]和 36 mL 去离子水[②]置入 250 mL 三口烧瓶中，三口瓶上装置电动搅拌器、温度计及滴液漏斗，搅拌和加热混合物，升温至 85 ℃，使聚乙烯醇完全溶解[③]。

（2）自由基聚合反应

降温至 60 ℃以下，加入 0.4 g 乳化剂 OP-10、0.1 mL 正辛醇和 5 g 醋酸乙烯酯。搅拌至充分乳化后，加入 3 滴由 0.07 g 过硫酸钾[④]与 1 mL 去离子水新鲜配制的溶液，加热至瓶内温度达到 65 ℃时即撤去热源，让反应混合物自行升温和回流，直至回流减慢而温度达到 80～83 ℃时，按在 6～8 h 内加完 31 g 的速度滴加醋酸乙烯酯，同时，每隔 1 h 补加 1 滴过硫酸钾溶液[⑤]。整个反应过程中应控制好反应温度在 80±2 ℃的范围内[⑥]，并不停搅拌，单体滴加完毕后，把余下的过硫酸钾溶液全部加入，让瓶内温度自行上升至 95 ℃，并在

---

①　聚乙烯醇宜选用平均聚合度在 1 700 左右、醇解度约为 88%的聚乙烯醇。这种规格的聚乙烯醇对醋酸乙烯酯的乳化性能较好，制成的乳胶也有良好的防冻性能。

②　制备聚合乳液对水质要求较高，通常使用去离子水，以保证分散体系有较好的稳定性。

③　聚乙烯醇能否顺利溶解，与实验操作有很大关系。应在搅拌下将聚乙烯醇分散地、逐步地加入温度不高于 25 ℃的冷水中，搅拌 15 min 后，再逐渐升温，直至约 85 ℃。在此温度下搅拌，约 2 h 就可完全溶解。不适当的操作可能导致聚乙烯醇结块而溶解困难。另外，聚乙烯醇易燃易爆、易挥发、易自聚。

④　在小试管中将 0.07 g $K_2S_2O_3$ 溶解于 1 mL 去离子水中配制而成。若不是立刻使用，应将此溶液置于盛冰水的小烧杯中冷却保藏。过硫酸钾的分解温度为 100 ℃，但潮湿的固体过硫酸钾，即使在室温下也会慢慢分解，因此，需现配现用。另外，过硫酸钾属强氧化剂，未经稀释时与有机物混合会引起爆炸。

⑤　引发剂不能一次加入太多，否则聚合速度太快，所放出的大量反应热来不及散发，使物料温度迅速上升，这又导致聚合速度更快，如此恶性循环，使反应不能控制。这种现象称为爆聚。发生爆聚时，轻则冲料，重则爆炸。为了使反应平稳，引发剂和单体都应逐步加入。

⑥　为了制得聚合度适当的产物和使反应能平稳地进行，控制反应温度是很重要的。由于反应大量放热，在一段时间内不宜采用加热或冷却的方法来控制温度，而是通过调节加料速度以使反应保持在一定的温度范围内。添加引发剂会使温度上升，添加单体可加快聚合速度，也导致温度上升，但由于单体的沸点（72～73 ℃）低于反应温度，因而加大回流量而使热量散失。由此，可根据温度和回流情况来调节加料速度。

此温度下继续搅拌 0.5 h，冷却。当温度下降至 50 ℃时，加入 2 mL 5%碳酸氢钠溶液①，最后再加 4 g 邻苯二甲酸二丁酯并搅拌 1 h 以上②，冷却后得到白色的聚醋酸乙烯酯乳液③。

(3) 复配制备醋酸乙烯乳胶漆

在烧杯中加入 43 mL 去离子水、0.18 g 羧甲基纤维素和 0.15 g 聚甲基丙烯酸钠，在室温下搅拌至全溶④。再加入 0.28 g 六偏磷酸钠、0.55 g 亚硝酸钠，搅拌溶解。在强力搅拌下，依次逐渐撒入 15 g 滑石粉和 48 g 钛白粉。继续强力搅拌至固体达到最大限度的分散后，再将以上制得的聚醋酸乙烯酯乳液加入，充分调配均匀，最后加氨水调 pH 值至 8 左右，制得白色的醋酸乙烯乳胶漆。

(4) 产品检验

(i) pH 值测定

以 pH 试纸测定乳液 pH 值。

(ii) 固含量测试

将干净的表面皿准确称量后，加入 1.0～1.5 g 产品，准确称量后放入烘箱，在 110 ℃条件下烘 24 h 后，取出置于干燥器中冷却，再称其质量，计算其含固量。

固含量计算公式如下：固含量＝固体质量/乳液质量×100%

【思考题】

(1) 聚乙烯醇在反应中起什么作用？为什么要和乳化剂 OP－10 混合使用？

(2) 为什么大部分单体和引发剂要用逐步滴加的方式加入？

(3) 单体滴加完毕后加入大量引发剂的目的何在？

---

① 这段时间的反应可使未反应的残存单体减少到最低限度。因为醋酸乙烯酯较容易水解而产生醋酸(和乙醛)，使乳液的 pH 值降低，影响乳胶的稳定性，故需加入碳酸氢钠中和。

② 必须让增塑剂深入渗透到树脂粒子团内部被牢固吸收，因此，需要搅拌一段时间。

③ 实验时间(10＋3)h 不包括聚醋酸乙烯乳胶液的制备实验中，聚乙烯醇的溶解和加入增塑剂后的处理过程所需的时间。

④ 在工业生产中，颜料和填料在含分散剂及各种助剂的水中的分散操作，是使用球磨机或其他分散设备经几次研磨完成的。

（4）反应结束后，为什么用碳酸氢钠溶液调节 pH＝5～6？加入邻苯二甲酸二丁酯的作用是什么？

实验二十二　手工皂的制备

【主题词】

油脂；皂化反应；手工皂

【单元反应】

酯的碱性水解反应

【主要操作】

搅拌；真空抽滤

【实验目的】

（1）学习肥皂的制备原理和制备方法。

（2）掌握盐析的原理和方法。

（3）了解肥皂洗涤污物的原理。

【背景材料】

肥皂的主要成分为高级脂肪酸的钠盐（可简写为 RCOONa），为阴离子型表面活性剂，由高级脂肪酸的甘油酯（如图 6－1）和碱经皂化反应而得，脂肪酸一般含 C_{12}～C_{18}，从结构上看，高级脂肪酸根中既含有非极性的憎水基（烃基），又含有极性的亲水基（羧酸根），如含有 18 个 C 原子的硬脂酸钠，见图 6－2，—R 表示饱和或部分不饱和的烃基，分子中的三个烃基可以相同。也可以不同，脂肪或油脂的实际脂肪酸的组成随来源不同而异。

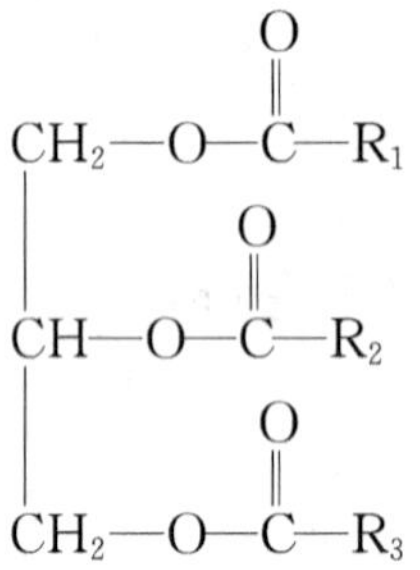

$$\begin{array}{l} CH_2-O-\overset{\overset{O}{\|}}{C}-R_1 \\ | \\ CH-O-\overset{\overset{O}{\|}}{C}-R_2 \\ | \\ CH_2-O-\overset{\overset{O}{\|}}{C}-R_3 \end{array}$$

图 6-1 高级脂肪酸甘油酯通式

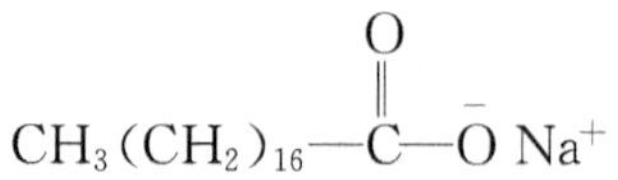

$$CH_3(CH_2)_{16}-\overset{\overset{O}{\|}}{C}-\bar{O}\ Na^+$$

图 6-2 硬脂酸

在古代的庞贝就有过肥皂加工厂，肥皂制造为古代工业之一，发明时期已不可考。直到 19 世纪，肥皂一直是唯一人工生产的洗涤用品。肥皂具有清洁作用，是由于亲水基被吸引至水的周围，而憎水基趋向于油或污垢的环境，当油滴被肥皂分子如此包围时，通过搅动或揉搓，自动地从衣物上脱离后，极易地被带入到水中去。肥皂的这种洗涤能力可由溶解的肥皂所产生的肥皂泡的量来反映。

21 世纪初，肥皂在硬水中使用产生不溶性的脂肪酸盐，从而降低了其去污能力，且肥皂在酸性溶液中有失去表面活性的不足，促使化学工作者寻找替代清洁剂，从而推动表面活性剂的产生与兴起。1917 年，德国化学家刚什尔(Günther)成功合成烷基萘磺酸表面活性剂后，肥皂的使用范围及产量相对减少。但肥皂的产量仍高于其他表面活性剂，这是因硬脂酸钠一旦被稀释，或是遇到酸性物质中和，就有将被包围的污垢全部释放的特性，在洗后的皮肤上和排出的污水中，都无法再发挥界面活性作用，其流入湖泊和海洋只需要 24 h 就会被细菌分解，对水环境和水生动植物的影响小。因此，在日常生活中占有不可动摇的地位。

进入 21 世纪以来，随着现代科技给人们生活带来越来越多的“副作用”，生活中，许多手工、天然的产品逐渐应运而生。人们更加渴望回归自然，以不添加太多人工材料为诉求，用大自然的原始素材作为原料。基于此原因，手工肥皂的制作方法越来越多地受到国内外“DIY”爱好者的关注，手工肥皂与合成洗涤剂相比更加环保。

【实验原理】

脂肪如三羧酸甘油酯能被强碱性的 NaOH 水解，生成存在于脂肪或油脂中的脂肪酸钠盐，同时生成醇——甘油。这一反应过程就称为皂化反应。

$$\begin{array}{l} CH_2-O-\overset{O}{\overset{\|}{C}}-R_1 \\ | \\ CH-O-\overset{O}{\overset{\|}{C}}-R_2 \\ | \\ CH_2-O-\overset{O}{\overset{\|}{C}}-R_3 \end{array} + 3NaOH \longrightarrow \begin{array}{l} CH_2-OH \\ | \\ CH-OH \\ | \\ CH_2-OH \end{array} + \begin{array}{l} R_1-\overset{O}{\overset{\|}{C}}-OH \\ R_2-\overset{O}{\overset{\|}{C}}-OH \\ R_3-\overset{O}{\overset{\|}{C}}-OH \end{array}$$

肥皂由脂肪或油脂在一定温度下用强碱催化水解产生的一种脂肪酸钠盐和甘油混合而成的。把氯化钠加到反应混合物中去，通过盐析①，把肥皂分离出来。但在手工皂的在制备中，不需盐析，为了使手工肥皂对皮肤更加温和，可适当减碱②或加油，油脂越多肥皂成品 pH 越低，越滋润；也可在皂化反应后增加一些油脂用量，当皂化液浓稠时，加入 5%的椰子油或花生油、蓖麻油等其他油脂，因油脂的特质和功效被保留在肥皂中，可具滋润肌肤的功效，且可以制成起泡良好、在水中不软化的优质肥皂。

【预习内容】

(1) 真空过滤的条件及方法。

(2) 盐析的理论根据是什么?

(3) 脂肪和油脂有什么不同?

【仪器与试剂】

(1) 仪器：三口烧瓶；电动搅拌器；温度计；水浴锅；模具。

(2) 试剂：猪油；椰子油；30% NaOH；色素；香精；pH 试纸。

【实验步骤】

(1) 实验准备

将 90 g 猪油及 90 g 椰子油置于 500 mL 三口烧瓶中，用沸水浴加热至熔化，然后，温度升至 50 ℃，强力搅拌。

---

① 盐析一般是指溶液中加入无机盐类而使某种物质溶解度降低而析出的过程。

② 减碱：是指在计算手工皂配方的时候，把计算出来的氢氧化钠的用量减少，通常可以减掉 5%～10%。

（2）反应

慢慢加入 43 mL 30% NaOH 溶液[①]，加毕，继续保温加热搅拌 2～3 h。至反应瓶中没有透明的液体及油状物质，全部不透明化，趋于凝固成膏状（此时油脂的皂化反应完成 80%）。

（3）复配

快速加入用 18 g 椰子油溶解的少许色素、少许香精等[②]，混匀后，停止加热，立即倒入模具中，放置 25～30 天[③]，手工皂的 pH 降低至 8 左右时才可以正常使用。

【思考题】

（1）肥皂在酸性条件下能充分发挥其作用吗？

（2）为什么用肥皂和海水来制肥皂泡是困难的？

（3）写出高级脂肪酸甘油酯碱性水解的反应机理。

---

① 制备手工皂一般用蒸馏水，不可用自来水、矿泉水，因为太多杂质影响皂化反应效果。

② 设计独特的手工肥皂，增加色彩和香味，需要及时添加色素、香料、营养元素等特殊物质。制作不同色彩的手工肥皂，可以分别添加红葡萄酒（红色）、菠菜汁（绿色）、巧克力（咖啡色）、牛奶（乳白色）、胡萝卜色素（黄色）、花瓣（杂色）等；制作不同香味的手工肥皂，可以添加植物精油（花精油）或者其他香味的物质（香水）。

③ 其间没有皂化完的油脂继续反应，或者，没反应完的 NaOH 与空气中的 CO_2 反应生成碳酸钠，碱性逐渐降低。若放置时间太短，则 pH 太高，碱性太强可能伤手。

第七章　开放性实验

实验二十三　苯乙酮的溴化

【主题词】

芳香酮;溴化

【单元反应】

亲电卤代;α-卤代

【主要操作】

萃取;蒸发;干燥

【实验目的】

(1) 学习使用 $NaBrO_3$ 在硫酸溶液中进行苯乙酮溴化的方法。
(2) 运用化合物的特性鉴别。
(3) 掌握芳香酮侧链卤代反应的机理。
(4) 了解有关催泪气的生理作用。

【背景材料】

α-卤代苯乙酮不对称还原得到具光学活性的 α-卤代仲醇是许多手性药物的关键中间体,在手性药物,尤其是具有芳基乙醇胺母核结构的药物(如苯乙醇胺类 β-受体激动剂)具有广泛的应用前景,如 $β_2$ -受体激动剂 R,R-福莫特罗、R-沙美特罗和 R-沙丁胺醇、$β_1$ -受体激动剂 R-地诺帕明和抗心律失常药 D-索他洛尔等;另外,α-卤代苯乙酮是催泪气的主要成分之一,每升空气中含有百万分之一克就可导致大量流眼泪和眼睛肿胀。尽管人们接触到它会感到极端地不愉快,但作用短暂,很快被新鲜的空气所湮没。催泪气的生理作用与它具有参与亲核取代反应的能力有关:α-卤代苯乙酮的亚甲基上卤原子是有较高活性的离去基团，而眼睛的膜黏液有亲核位置，它可以取代这样的离去基团，导致膜黏液的可逆烷基化反应，引起黏膜组织的严重损伤。X 原子也可以被膜黏液的水分子所取代，释放出 HX 而造成流眼泪。

$$\mathrm{Ph\overset{O}{\overset{\|}{C}}CH_2X + Membrane \rightleftharpoons PhCCH_2 : Membrane + X^-}$$

$$\mathrm{Ph\overset{O}{\overset{\|}{C}}CH_2X + H_2O \rightleftharpoons Ph\overset{O}{\overset{\|}{C}}CH_2OH + HX}$$

【实验原理】

苯乙酮卤化时可能发生苯环的亲电取代反应和羰基的 α-取代，因乙酰基是间位定位基，因此，可能生成以下两种产物：

$$\mathrm{CH_3-\overset{O}{\overset{\|}{C}}-C_6H_4X\ (\textit{m}\text{-}X)\quad ;\quad C_6H_5-\overset{O}{\overset{\|}{C}}-CH_2X}$$

但本实验中究竟得到哪种产物，通过实验加以探究。

实验的目标产物若希望苯乙酮的侧链卤化，则一般是在酸性或碱性条件下进行。如在酸的催化下，苯乙酮加速形成烯醇，然后，烯醇与卤素发生亲电加成形成较稳定的碳正离子，很快失去质子而得到 α-卤代酮。

$$\mathrm{Ph-\overset{O}{\overset{\|}{C}}CH_3 \underset{}{\overset{H^+}{\rightleftharpoons}} Ph-\overset{OH}{\overset{|}{C}}{=}CH_2 \underset{-Br^-}{\overset{Br_2}{\rightleftharpoons}} \left[Ph-\overset{OH}{\overset{|}{\underset{+}{C}}}-CH_2Br \longleftrightarrow Ph-\overset{^+OH}{\overset{\|}{C}}-CH_2Br \right] \overset{-H^+}{\rightleftharpoons} Ph-\overset{O}{\overset{\|}{C}}-CH_2Br}$$

而直接卤化，即芳环上的卤化，则是芳环上的亲电取代反应，苯乙酮的卤化发生在苯环间位。

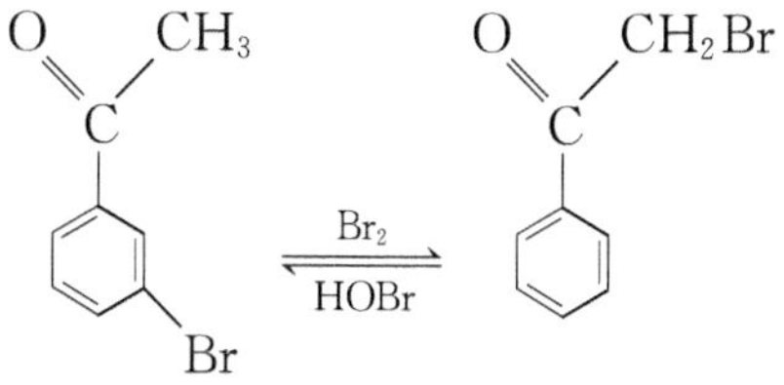

本实验中使用的溴化剂为 $NaBrO_3$（也可以用 Br_2/H_2O 体系或 Br_2/有机溶剂），在 $NaBrO_3$ 的酸溶液中存在如下平衡：

$$H^+ + BrO_3^- \rightleftharpoons HBrO + O_2\uparrow$$

$$4H^+ + 4BrO_3^- \rightleftharpoons 2Br_2 + 5O_2\uparrow + 2H_2O$$

进一步研究表明，如果在反应中活性成分为 HBrO，那么产物主要为间溴苯乙酮，少量为 α-卤代苯乙酮；如果反应中活性分为 Br_2，那么产物为 α-溴代苯乙酮。通过实验产物的表征，判断实验结果的倾向性。

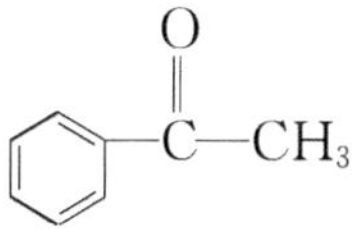

$$+ H^+ + BrO_3^- \longrightarrow C_8H_7OBr + H_2O + O_2\uparrow$$

【预习内容】

(1) 查找下列化合物的物化数据及红外特征吸收光谱：

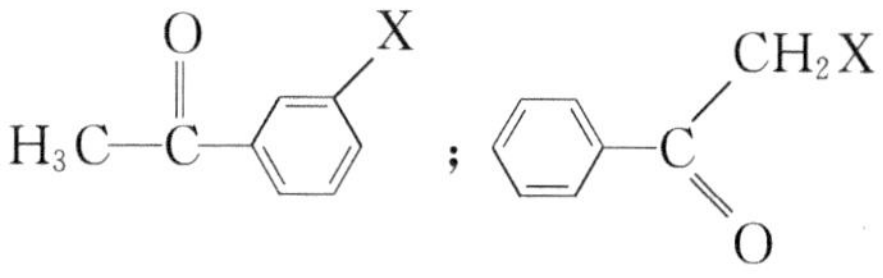

(2) 熟悉烯醇化亲电取代反应及亲电取代反应机理。

【仪器与试剂】

(1) 仪器：三口烧瓶；冰水浴；分液漏斗；温度计。

(2) 试剂：溴酸钠；苯乙酮；9.6 mol/L H_2SO_4；乙醚；饱和 $NaHCO_3$ 溶液；无水 $MgSO_4$；饱和 NaCl。

【实验操作】

(1) 实验准备

称取 6.0 g(40 mmol)的 $NaBrO_3$，并在称量纸上分成 10 等份。250 mL 三

口烧瓶中加入 4.8 g(40 mmol)苯乙酮,再加入 40 mL 浓度为 9.6 mol/L(3.8 mmol)的 H_2SO_4,搅拌使苯乙酮溶解,三口烧瓶放入冰水浴中冷却。

(2) 卤化反应

边搅拌边加入第一份 $NaBrO_3$ 固体,控制反应温度在 25 ℃以下。然后,加入第二份 $NaBrO_3$,直至加完最后一份①,并确保固体全部溶完,此时,温度仍低于 25 ℃,移去冰水浴,升温到室温,继续搅拌 5 min。

(3) 分离

在通风橱中,加入 30 mL 饱和 NaCl 水溶液于反应混合物中②,然后,转移到分液漏斗中,用 25 mL 乙醚萃取两次,合并萃取液,然后用水洗涤一次,用饱和 $NaHCO_3$ 溶液洗涤两次(每次 15 mL),再用无水 $MgSO_4$ 干燥,蒸馏回收乙醚。得到的产品若为固体,则测定熔点,若为液体,则测定沸点,并做红外光谱,进行分析比较。

【表征】

α-卤代苯乙酮,白色针状结晶,熔点:48~50 ℃。IR(KBr 压片):3 071.63 cm^{-1},3 026.31 cm^{-1}(苯环 C—H 伸缩振动),2 971.34 cm^{-1}(亚甲基 C—H 伸缩振动),1 680.76 cm^{-1}(芳香酮 C═O 伸缩振动),1 600.39 cm^{-1},1 580 cm^{-1},1450 cm^{-1}(苯环的骨架振动),755 cm^{-1},690 cm^{-1}(苯环单取代 C—C 面外弯曲振动);^{1}H-NMR ($CDCl_3$,ppm),δ:4.43(s,—$COCH_2Br$,2H),7.44(s,苯环对位 H,1H),7.91~7.93(d,苯环间位 H,2H),8.01~8.03(d,苯环邻位 H,2H)。

间溴苯乙酮,无色或淡黄色液体,熔点:7~8 ℃,沸点:255.2 ℃(760 mmHg)。IR,3 080.31 cm^{-1}(苯环 C—H 伸缩振动),3 005.24 cm^{-1}(甲基 C—H 伸缩振动),1 696.77 cm^{-1}(芳香酮 C═O 伸缩振动),1 580.64 cm^{-1},1 440.53 cm^{-1}(苯环 C—C 骨架振动),798.51 cm^{-1},683.46 cm^{-1}(苯环 1,3 取代 C—C 面外弯曲振动),^{1}H-NMR ($CDCl_3$,ppm),δ:2.50(s,—CH_3,3H),8.13(s,苯环 2-位 H,1H),7.79(d,苯环 4-位 H,1H),7.45(t,苯环 5-位 H,

---

① $NaBrO_3$ 共 10 等份,每 1 份 $NaBrO_3$ 加料过程中,温度均应低于 25 ℃,待此份物料溶解后再加入下 1 份物料。

② 氯化钠在低浓度水平萃取时使用主要为了增加水相中溶液离子强度,进而使被萃取组分更容易分配到有机相中,在高浓度水平下(饱和食盐水)主要是改变水相密度,使与水容易互溶的有机相分层以便组分的萃取和脱水。

1H),7.88(d,苯环6-位H,1H)。

【思考题】

(1) 为什么在萃取之前先加入饱和NaCl溶液到反应混合物中?
(2) 画出合成α-溴代苯乙酮的流程图。
(3) 推测Br_2/H_2O与苯乙酮反应的合理的反应机理。

实验二十四　2-巯基吡啶-N-氧化物合成及去屑洗发剂配制

【主题词】

抗菌剂;2-巯基吡啶-N-氧化物;酸酐Ⅰ;催化剂;合成;去屑香波

【单元反应】

催化氧化;Diels-Alder加成反应;亲核取代反应;酸碱中和反应

【主要操作】

萃取;分层;过滤;减压水蒸气蒸馏;洗涤;脱色

【实验目的】

(1) 掌握Diels-Alder加成反应机理。
(2) 了解吡啶硫酮铜和吡啶硫酮锌的化学结构与用途。
(3) 学会设计实验方案,去屑洗发剂的配制。

【背景材料】

精细化工专业实验是培养化工专业学生的综合实践能力和创新意识必不可少的课程之一。没有人能说出需要做多少实验才能够培养出合格的化工人才。当然,实验做得越多,学生的动手能力可能就越强,但这种费钱耗时的训练方式并不是大学教育的模式;现代大学教育的理念要求在最短的时间、用最少的资源让学生获得最多的知识、技能和方法。因此,学生在完成基础化学实验和化工实验后,需要再进行综合性的实验训练,以达到知识和技能的巩固、提高与融会贯通,这种综合性实验要具有训练工科学生特点,即操作多、知识点多，具有工程与工艺的特点，能提高学生做实验的主动性，能激发学生的学习兴趣和创新意识，因此，选取抗菌剂 2-巯基吡啶-N-氧化物的合成作为综合实验。

2-巯基吡啶-N-氧化物（2-Pyridinethiol-N-oxide，PTO），CAS 号：1 121-31-9，分子式：C_5H_5NOS，中文别名：1-羟基-2-吡啶硫酮，是国内外公认的高效低毒防菌防霉剂。农业上称为“万亩定”，是果树、棉花、麦类、蔬菜的有效杀菌剂，也可用于蚕座消毒及家蚕人工饲料的防腐添加剂。2-巯基吡啶氧化物钠盐（Sodium omadine），CAS 号：3811-73-2，分子式：C_5H_4NOSNa，中文别名：吡硫霉净，是抗真菌药物，用于体癣、手足癣等的治疗，纺织业用于织物的杀菌防霉处理。

吡啶硫酮铜（CPT），为 2-巯基吡啶-N-氧化物铜盐，CAS：14915-37-8，类似绿色结晶细粉末，分子式：$C_{10}H_8N_2O_2S_2Cu$，分子量：315.85，沸点：253.8 ℃（760 mmHg），闪点：107.3 ℃。吡啶硫酮铜是以二分子 2-巯基吡啶-N-氧化物为配位体，Cu^{2+} 为中心离子形成的螯合物（配合物），为广谱、低毒、环保的真菌和细菌的抑菌剂和防霉剂，广泛用于民用涂料、胶粘剂和地毯中，用于河海船舶防污漆，防止甲壳生物、海藻以及水生物附着船壳板。由于 CPT 的低毒性和稳定性，可添加到涂料中，使涂料呈现出凝胶的稳定性，延长涂料的贮存时间。

吡啶硫酮锌（ZPT），又名吡硫鎓锌或奥麦丁锌，CAS：13463-41-7，分子量：$C_{10}H_8N_2O_2S_2Zn$，分子式：317.69，灰白色至黄褐色的粉末，密度：1.782 g/cm^3（25 ℃），沸点：253.8 ℃（760 mmHg），熔点：262 ℃，闪点：107.3 ℃，在常温中性条件下几乎不溶于水的无色固体。吡啶硫酮锌是以二分子 2-巯基吡啶-N-氧化物为配位体，Zn^{2+} 为中心离子形成的螯合物（配合物），早在 20 世纪 30 年代就被合成，作为外用抗真菌剂或抗菌剂。2-巯基吡啶-N-氧化物锌盐是洗发剂中去屑止痒活性组分，被大量应用于“海飞丝”“好迪”“飘柔”等去头皮屑洗发精之中，因此，也被称为去屑因子。

【实验原理】

先由顺丁烯二酸酐和蒽合成催化剂酸酐Ⅰ，再由 2-氯吡啶与双氧水为原料在酸酐Ⅰ催化下合成 2-氯吡啶-N-氧化物，最后，2-氯吡啶-N-氧化物与硫氢化钠发生巯基化反应生成 2-巯基吡啶-N-氧化物。合成酸酐Ⅰ的反应式及 2-巯基吡啶-N-氧化物的合成路线如下：

二甲苯, H_2O_2

（酸酐Ⅰ）

N　Cl　酸酐Ⅰ, H_2O_2　N→O　Cl　NaSH　N→O　SNa　HCl　N→O　SH

【预习内容】

（1）Diels-Alder 加成反应、催化氧化反应、亲核取代反应。

（2）用于吡啶-N-氧化的自制催化剂酸酐Ⅰ的优点。

（3）吡啶硫酮铜和吡啶硫酮锌螯合物的结构。

（4）查阅文献设计制备啶硫酮铜、吡啶硫酮锌的实验方案。

（5）查阅文献资料设计制备去屑香波配方。

【仪器与试剂】

（1）仪器：三口烧瓶；温度计；回流冷凝管；直形冷凝管；电动搅拌器；滴液漏斗；分液漏斗；pH 试纸；真空泵；水蒸气发生器；旋转蒸发仪。

（2）试剂：顺丁烯二酸酐；蒽；二甲苯；无水乙醇；2-氯吡啶；50%过氧化氢；20%碳酸钠；水溶液；25%硫氢化钠；20%盐酸。

本实验学生自行设计制备啶硫酮铜、吡啶硫酮锌的实验方案及去屑香波配方，因此，其他仪器与试剂根据需要添加。

【实验操作】

（1）合成 2-巯基吡啶-N-氧化物

（i）催化剂酸酐Ⅰ的合成

在 500 mL 三口烧瓶上安装温度计、回流冷凝管、机械搅拌，称取顺丁烯二酸酐 10.0 g(0.10 mol)和蒽 20.0 g(0.11 mol)，置于三口烧瓶中，加入二甲苯 200 mL、沸石数粒，搅拌加热回流 3 h，反应物颜色由浅黄色逐渐变淡。停止加热，冰浴冷却，待结晶析出完全后抽滤，滤液回收循环使用，所得晶状滤饼用无水乙醇洗涤，产物为淡黄色晶体，干燥、称重、计算收率，测定熔点。

(ii) 制备2-氯吡啶-N-氧化物

在500 mL的四口反应瓶上安装温度计、回流冷凝管、电动搅拌器和滴液漏斗，加入91 g(0.81 mol)2-氯吡啶、13 g上述制备的酸酐Ⅰ(0.10 mol)，然后，搅拌加热到60～70 ℃，在2～3 h内滴加50%过氧化氢35 g(0.51 mol)，保温反应3 h，静置过夜①。用40 mL的水萃取3次②，合并水相，用20%碳酸钠水溶液调节溶液的pH 6～7，然后，减压水蒸气蒸馏③，直到馏出物中无油珠为止，静置馏出物，用分液漏斗分液，下层有机相含有未反应的2-氯吡啶④、催化剂和少量的2-氯吡啶氧化物，补加2-氯吡啶后用于下批制备2-氯吡啶氧化物。水蒸气蒸馏的残余物不需任何纯化直接用于下一步的2-巯基吡啶-N-氧化物制备。

(iii) 制备2-巯基吡啶-N-氧化物

把水蒸气蒸馏的残余物投入500 mL的四口反应瓶，安装电动搅拌器、温度计、恒压滴液漏斗和回流冷凝管(与硫化氢气体吸收装置连接)，搅拌加热到70～75 ℃，在2 h内滴加100 g 25%硫氢化钠(0.45 mol)水溶液。加毕，继续反应1～2 h，冷却至50～60 ℃，加入活性炭35 g，搅拌30 min，过滤，滤液用20%盐酸中和，析出大量的类白色固体。过滤，称重。

(2) 应用实验

(i) 吡啶硫酮锌和吡啶硫酮铜的制备

2-巯基吡啶-N-氧化物和铜盐、锌盐易于反应，学生可根据已经制备的2-巯基吡啶-N-氧化物的数量，自行设计合成配位化合物吡啶硫酮铜和吡啶硫酮锌的实验方案。由2-巯基吡啶-N-氧化物与铜盐及锌盐合成吡啶硫酮铜和吡啶硫酮锌的反应式如下：

---

① 用酸酐Ⅰ催化过氧化氢氧化2-氯吡啶的方法，过氧化氢是清洁的氧化剂，所用的催化剂能循环套用，未反应的原料可以回收使用，基本无有害废物产生，符合现代化工技术的可持续发展的方向。

② 2-氯吡啶-N-氧化物溶于水，所以，用水萃取。

③ 除去未反应的2-氯吡啶的方法是利用反应物和产物的物理性质差异设计的，2-氯吡啶不溶于水且随水蒸气挥发，而产物2-氯吡啶-N-氧化物易溶于水，但高温有爆炸的危险，所以采用减压水蒸气蒸馏的方法。

④ 2-氯吡啶密度为1.209 g/cm^3，大于水的密度，所以，水在上层。

Cu^{2+} (吡啶硫酮铜，CPT)

Zn^{2+} (吡啶硫酮锌，ZPT)

(ii) 去屑香波的配制

去屑香波的主要原料是长链烷基磺酸钠、羟丙基纤维素、水解蛋白、铝硅酸镁和吡啶硫酮锌等。学生根据自己查阅的资料文献，拟出实验方案，经过指导教师审核后，再进行实验。

【表征】

2-巯基吡啶-N-氧化物为白色到米色粉末、晶体或块状固体，熔点：70～72 ℃。IR(KBr压片)：3 214.78 cm^{-1}(吡啶环上C—H伸缩振动)，2 486.15 cm^{-1}(巯基S—H伸缩振动)，1 619.31、1 460.52、1 404.35 cm^{-1}(吡啶环骨架伸缩振动)，1 184.63 cm^{-1}(C—N伸缩振动)，1 136.07，1 071.72 cm^{-1}(吡啶环的N—O的伸缩振动)，740.53、708.03 cm^{-1}(巯基吡啶的C—S伸缩振动)。

【思考题】

(1) 巯基化反应中的主要副反应及产物是什么？

(2) 为什么不先用巯基化反应再用N氧化反应的方法来制备2-巯基吡啶-N-氧化物？

(3) 为什么要用减压水蒸气蒸馏的方法除去未反应的2-氯吡啶？

实验二十五　辅酶VB1及模拟物催化苯甲醛合成苯偶姻

【主 题 词】

辅酶VB1；催化缩合；VB1模拟物；苯甲醛；苯偶姻；绿色合成

【单元反应】

安息香缩合反应

【主要操作】

冰盐浴;弱回流;重结晶;脱色;减压抽滤

【实验目的】

(1) 学习辅酶催化合成苯偶姻的制备原理和方法。

(2) 辅酶催化合成苯甲醛的反应机理,领会绿色合成的意义。

(3) 进一步掌握回流、重结晶、脱色等基本操作。

【背景材料】

苯偶姻(Benzoin)又称安息香、2-羟基-2-苯基苯乙酮、二苯乙醇酮或1,2-二苯基羟乙酮,是一种无色或白色晶体,气味类似樟脑。安息香(苯偶姻)在化工和药物合成等方面都有着广泛应用。作为化工原料,广泛用作感光性树脂的光敏剂、染料中间体和粉末涂料的防缩孔剂,用于药物中间体如抗癫药物二苯基乙内酰脲、二苯基乙二酮、二苯基乙二酮肟及乙酸安息香类化合物的合成。

芳香醛在乙醇水溶液中发生双分子缩合,生成1,2-二苯基羟乙酮即安息香的反应称为安息香缩合反应。安息香缩合反应已有相当长的历史,其缩合产物主要有苯偶姻、糠偶姻、噻吩偶姻及其衍生物等,这些物质在化学和医药工业等方面具有广泛的应用。经典的安息香合成由两分子苯甲醛为原料、有剧毒的氰化钠或氰化钾为催化剂,在碳负离子作用下,两分子苯甲醛通过安息香缩合生成苯偶姻,虽然此工艺收率较高,但氰化物是剧毒品,易造成环境污染及损害人体健康,操作困难,且"三废"处理困难。

20世纪70年代后,开始采用具有生物活性的辅酶VB1代替氰化物作催化剂进行安息香缩合反应,VB1的化学名称为3-[(4-氨基-2-甲基-5-嘧啶基)甲基]-5-(2-羟乙基)-4-甲基噻唑鎓盐酸盐,以VB1作催化剂具有操作简单,节省原料,耗时短、污染轻等特点。但VB1在碱性条件下不稳定,在水溶液中易被氧化且受热易被破坏。3-苄基-5-(2-羟乙基)-4-甲基噻唑鎓盐酸盐、3-(对氰基苄基)-5-(2-羟乙基)-4-甲基噻唑鎓盐酸盐及3-氯球-5-(2-羟乙基)-4-甲基噻唑鎓盐酸盐(将噻唑基固载在氯球上)有着与VB1相同的母核"5-(2-羟乙基)-4-甲基噻唑鎓盐酸盐"结构,简称为VB1模拟物。实验证明,这三种VB1模拟物在水溶液中的稳定性优于VB1,且均具有催化安息香缩合反应的作用。用于催化安息香缩合的VB1及VB1模拟物结构式见图 7－1。另外，由于 3－氯球－5－(2－羟乙基)－4－甲基噻唑鎓盐酸盐(固载型 VB1 模拟物)不溶于水，所以，用于催化苯甲醛、糠醛的安息香缩合反应后，简单过滤可回收而循环套用。

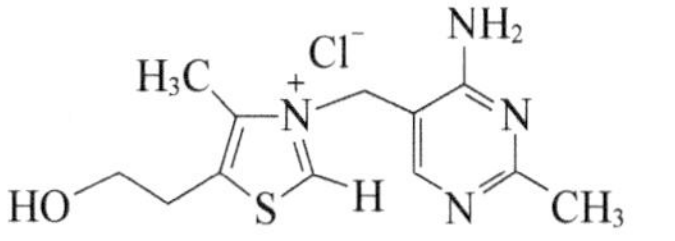

VB1

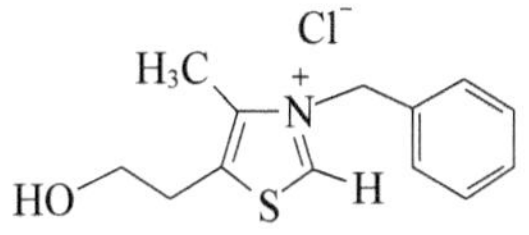

3-苄基－5－(2－羟乙基)－4－甲基噻唑鎓盐酸盐

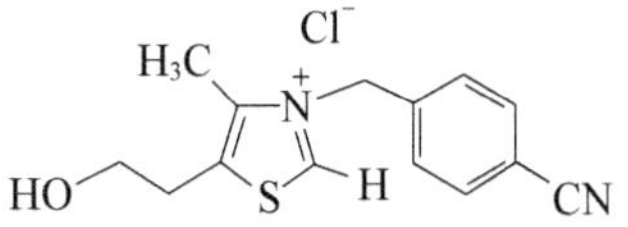

3－(对氰基苄基)－4－甲基－5－(2－羟乙基)噻唑氯化物

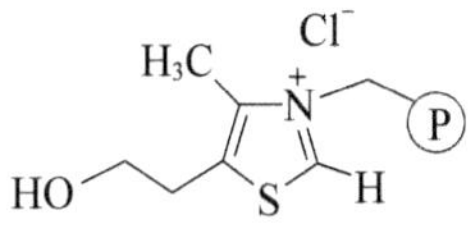

3－氯球－5－(2－羟乙基)－4－甲基噻唑鎓盐酸盐

图 7－1　用于催化安息香缩合的 VB1 及 VB1 模拟物结构式

【实验原理】

实验以辅酶 VB1 盐酸盐(thiamine，盐酸硫胺素盐酸盐)代替氰化物催化苯甲醛发生安息香缩合反应，生成苯偶姻。优点：无毒，反应条件温和，产率较高。其反应式如下：

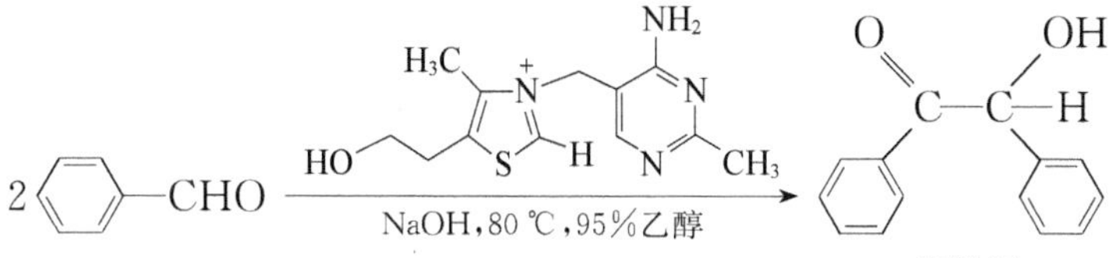

2 C_6H_5CHO —(VB1；NaOH，80 ℃，95%乙醇)→ 苯偶姻

VB1 催化苯甲醛的安息香缩合反应机理：

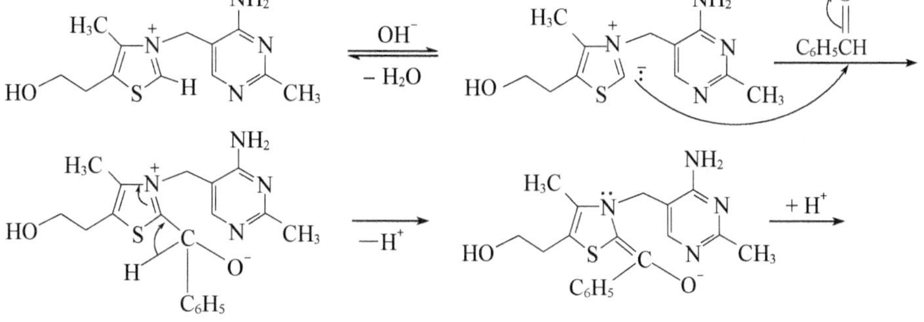

OH^- / $-H_2O$；C_6H_5CHO；$-H^+$；$+H^+$

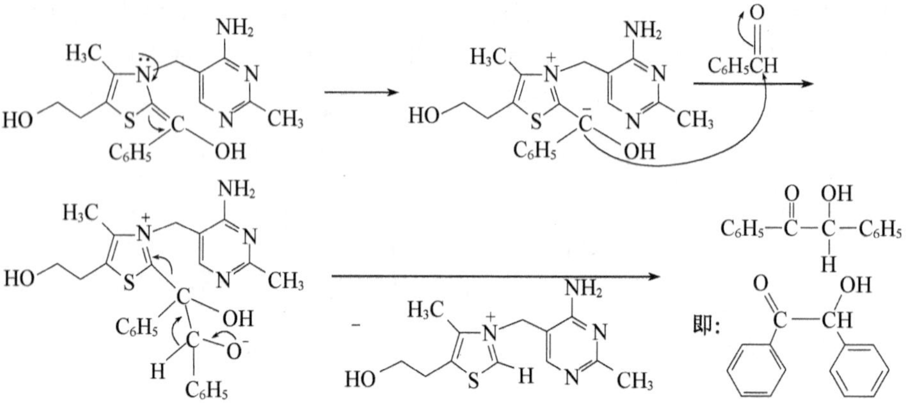

C_6H_5—C(=O)—CH(OH)—C_6H_5

即：

【预习内容】

（1）了解绿色化学的十二条原则。

（2）理解苯甲醛的安息香缩合反应机理。

（3）了解如何准备无水实验操作。

【仪器与试剂】

（1）仪器：三口烧瓶；加热套；回流冷凝管；冰盐浴；水浴；小量筒；布氏漏斗；真空泵。

（2）试剂：VB1；95%乙醇；80%乙醇；10%NaOH；新蒸苯甲醛；沸石；活性炭；氯球；4-甲基-5-羟乙基噻唑；氯化苄；对氰基氯化苄；苯甲醛；糠醛；乙腈；无水乙醇；无水碳酸钠。

【实验操作】

方法 1 VB1 催化安息香缩合反应

（1）实验准备

（i）在 100 mL 配有回流冷凝管的三口烧瓶中加入 2.0 g(6.7 mmol) VB1、4 mL 蒸馏水、16 mL95%乙醇，用塞子塞上瓶口，放在冰盐浴中冷却①。

（ii）用一支试管取 4 g 10%NaOH(10.0 mmol)溶液，放在冰盐浴中冷却 10 min。

（iii）用小量筒取 10 mL(92.9 mmol)新蒸苯甲醛。

---

① VB1 不稳定，受热易分解，VB1、NaOH 溶液在反应前必须用冰盐水充分冷却，否则，VB1 在碱性条件下会分解，这是本实验成败的关键。

(2) 安息香缩合反应

将冷透的 NaOH 溶液滴加入浸在冰盐浴的上述三口烧瓶中，碱液加入一半时溶液呈现淡黄色，随着碱液加入溶液颜色变深[①]，立即加入苯甲醛，充分摇匀(pH=9～10)。加入沸石。温水浴中加热反应，水浴温度控制在 60～75 ℃ 之间[②](不能使反应物剧烈沸腾)80～90 min，反应混合物呈橘黄或橘红色均相溶液。撤去水浴，待反应物冷至室温，析出浅黄色结晶，再放入冰盐浴中冷却使之结晶完全。若出现油层，则重新加热使其变成均相，再缓慢冷却结晶。用减压抽滤，滤液减压蒸馏回收乙醇，滤饼用 40 mL 冷水分两次洗涤，称重。

(3) 重结晶、脱色

用 80%乙醇进行重结晶，如产物呈黄色，可用少量活性炭脱色[③]。产品在空气中风干，称重。

方法 2 VB1 模拟物催化安息香缩合反应

(1) VB1 模拟物的制备

查阅资料，自行设计合成一种 VB1 模拟物的实验方案。

写出以氯球、4-甲基-5-羟乙基噻唑为原料，通过季铵化反应，将噻唑基固载在阴离子交换树脂氯球上生成一种水不溶性季铵盐：3-氯球-5-(2-羟乙基)-4-甲基噻唑鎓盐酸盐，即固载型的 VB1 模拟物的实验方案并合成。

在无水条件下，以氯化苄与 4-甲基-5-羟乙基噻唑为原料合成 3-苄基-4-甲基-5-(2-羟乙基)噻唑鎓盐酸盐；或者以对氰基氯什苄与 4-甲基-5-羟乙基噻唑为原料合成 3-(对氰基苄基)-4-甲基-5-(2-羟乙基)噻唑鎓盐酸盐。

(2) 催化安息香缩合反应

查阅资料，以上述合成的一种 VB1 模拟物作为催化剂，自行设计催化苯甲醛或糠醛进行安息香缩合反应的实验方案，以催化合成苯偶姻或糠偶姻。

【表征】

苯偶姻为淡黄色粉末，熔点：137～138 ℃。IR(KBr 压片)：3 305.12 cm^{-1}

---

① VB1 在酸性条件下稳定，但易吸水，在水溶液中易被空气氧化失效，遇光和 Fe、Cu、Mn 等金属离子可加速氧化。滴加氢氧化钠溶液时注意缓慢滴加并用精密 pH 试纸控制，调节反应溶液 pH=8～9，过碱易使噻唑环开环。

② 反应过程中，溶液在开始时不必沸腾，加热时水浴温度应小于 75 ℃。

③ 若需脱色活性炭，则加入 0.3 g 左右。

(羟基 O—H 伸缩振动),3 063.54 cm^{-1}(苯环 C—H 伸缩振动),1 659.93 cm^{-1}(羰基 C═O 伸缩振动),1 593.78 cm^{-1},1 578.39 cm^{-1},1 449.87 cm^{-1}(苯环 C—C 骨架振动),1 211.28 cm^{-1}(羰基 C—O 面外弯曲振动)、1 174.34 cm^{-1},1 163.32 cm^{-1}(羟基 C—O 伸缩振动),795.39 cm^{-1},642.45 cm^{-1}(苯环单取代 C—H 面外弯曲振动)。^{1}H-NMR(DMSO-D6 为溶剂,TMS 为内标),δ_H(ppm):7.94(d,苯环上羰基邻位 H,2H),7.36～7.56(苯环上其他 H,8H),6.10(s,苄基 H,1H),6.03(s,羟基 H,1H)。

【思考题】

(1) 为什么要向 VB1 溶液中加入氢氧化钠?

(2) pH 的控制为什么在 8～9 之间?

参考文献

[1] 蔡干，曾汉维，钟振声. 有机精细化学品实验[M]. 北京：化学工业出版社，1997.

[2] 张友兰. 有机化学品合成及应用实验[M]. 北京：化学工业出版社，2004.

[3] 胡常伟，李贤均. 绿色化学原理和应用[M]. 北京：中国石化出版社，2011.

[4] 李霁良. 微型半微型有机化学实验(第二版)[M]. 北京：高等教育出版社，2014.

[5] 周世晖，周景尧，林子森. 中级有机化学实验[M]. 北京：高等教育出版社，1984.

[6] Stéphane Caron. Practical Synthetic Organic Chemistry, Second Edition [M]. John Wiley & sons Inc. 2020.

[7] 苏为科，余志群. 连续流反应技术开发及其在制药危险工艺中的应用[J]. 中国医药工业杂志，2017，48(4)：469 - 482.

[8] 程青芳. 有机化学实验[M]. 南京：南京大学出版社，2006.

[9] Fleming I, Williams D H. Spectroscopic methods in organic chemistry, 7th ed[M]. UK: Springer，2019.

[10] 周衍科，高占先主编. 有机化学实验(第三版)[M]. 北京：高等教育出版社，1994.

[11] Joaquín Isac-García, José A. Dobado, Francisco G. Calvo-Flores. Experimental Organic Chemistry, Laboratory Manual[M]. Elsevier Inc, 2016.

[12] 王世荣，李祥高，刘东志. 表面活性剂(第二版)[M]. 北京：化学工业出版社，2016.

[13] 刘大军，王媛，程红，等. 有机化学实验[M]. 北京：清华大学出版社，2014.

[14] 段行信. 实用精细有机合成手册[M]. 北京：化学工业出版社. 2000.

[15] 许前会. 化学工程与工艺专业实验[M]. 南京：东南大学出版社，2011.

[16] 张玉霞，薛灵芬. 氯化高锡催化尼泊金乙酯的合成[J]. 化学世界，2001，

42(9):482－483.

[17] 陈虹，马燮，郝世雄. 微波辐射硫酸铝催化合成 β-萘乙醚[J]. 2007，36(5):13－15.

[18] 李善吉. 香料橙花素的合成[J]. 化学工程师，2004，(4):63－64.

[19] 韩广甸. 有机制备化学手册(上，中)[M]. 北京:石油化学工业出版社，1977.

[20] H. H. 勃拉图斯. 刘树文译. 香料化学[M]. 北京:轻工业出版社，1984:99－100;

[21] 叶彦春. 有机化学实验(第3版)[M]. 北京:北京理工大学出版社，2018:102.

[22] 程铸生. 精细化学品化学[M]. 上海:华东理工大学出版社，1996:187－207.

[23] 程侣柏，胡家振，姚蒙正. 精细化工产品的合成及应用[M]. 大连:大连理工大学出版社，2007:116.

[24] 赵何为. 精细化工实验[M]. 上海:华东理工大学出版社，1992.

[25] 李英. 李干佐，郝树萱. 十二烷基甜菜碱的界面活性及其体系的相态研究[J]. 化学物理学报，1998，(3):3－5.

[26] 范闽光，蒋月秀. 新型两性表面活性剂合成及表面化学性能研究[J]. 广西大学学报(自然科学版)，1998，(1):3－5.

[27] Mille X A，Neuzil E F 著. 董庭威译. 现代有机化学实验[M]. 上海:上海翻译出版公司，1987.

[28] 陈剑锋，郭养浩，孟春，等. 手性药物扁桃酸的理化特性测定[J]. 福州大学学报(自然科学版)，2005，33(3):395－399.

[29] 苏为科，何潮洪. 医药中间体制备方法(抗菌药中间体)[M]. 北京:化学工业出版社，2001.

[30] 殷立国，何锐刚，李增春. 微型相转移超声催化合成扁桃酸[J]. 内蒙古民族大学学报(自然科学版)，2008，23(5):528－529.

[31] 于丽颖，罗亚楠，郑凤梅. 相转移催化法合成扁桃酸的工艺研究[M]，吉林化工学院学报，2016，33(11):15－19.

[32] 章思规. 精细有机化学品技术手册[M]. 北京:科学出版社，1991:146－146.

[33] 李述文，范如霖编译. 实用有机化学手册[M]. 上海:上海科学技术出版社，1981.

[34] 林启寿. 中草药成分化学[M]. 北京:科学出版社,1977:765,774-755.
[35] 李厚金,朱可佳,郑赛利,等. 2苯基吲哚的合成——推荐一个大学有机化学实验[J]. 大学化学,2014,29(5):75-78.
[36] 王茜,吐松,沙勇. 4-羟基香豆素的合成工艺改进[M]. 化学试剂,2010,32(10):944-946.
[37] 江体乾. 化工工艺手册[M]. 上海:上海科学技术出版社,1992.
[38] 邢建生,梁锡臣,胡玉兵,等. 对氨基苯酚的合成方法[J]. 安徽化工,2017,43(1):47-49.
[39] 张荣珍,王继英,魏燕春. 常压下合成对硝基苯甲醚[J]. 化学研究. 1999,10(2):41-43.
[40] 诸昌武,菅盘铭. 对硝基苯甲醚催化合成工艺[J]. 江苏农业科学,2015,43(12):410-412.
[41] 童永芬,唐星华,舒红英. 壳聚糖钯催化剂催化合成对硝基苯甲醚的研究[J]. 2006,20(3):33-35.
[42] 崔传生,赵金生,赫庆鹏. 精细化工工艺学实验教程[M]. 青岛:中国海洋大学出版社,2008:76-77.
[43] 强亮生,王慎敏. 精细化工实验[M]. 哈尔滨:哈尔滨工业大学出版社. 1997:85-87.
[44] 王莉娟,张高勇,董金凤. 泡沫性能的测试和评价方法进展[J]. 日用化学工业,2005,35(3):171-173.
[45] 魏盼中,曾平,张浴沂,等. 驱蚊剂 N,N-二乙基间甲基苯甲酰胺[J]. 精细与专用化学品,2016,24(5):48-51.
[46] 崇明本. 2-庚酮制备研究[D]. 无锡:江南大学,2014.
[47] 刘国斌. α-溴代苯乙酮类化合物的制造方法[P]. 中国:CN100358854C.
[48] 苏娇莲,林原斌. 间溴苯乙酮的合成研究[J]. 湘潭大学自然科学学报,2002,24(4):54-56.
[49] B. A. 巴罗托夫著,北京大学化学系有机催化教研室译. 有机催化实验[M]. 北京:燃料化学工业出版社,1972.
[50] 王俊儒,张继文. 天然产物提取分离与鉴定技术[M]. 北京:高等教育出版社,2016.
[51] Williams D H, Fleming I 著. 王剑波,施卫峰译. 有机化学中的光谱方法[M]. 北京:北京大学出版社,2001.
[52] 田中诚之著. 姚海文译. 有机化合物的结构测定方法-利用 C-NMR、

H-NMR、IR 和 MS 图谱的综合解析[M]. 北京：化学工业出版社，1984.
[53] 中西香尔，索罗曼 PH 著，王绪明译. 红外光谱分析 100 例[M]. 北京：科学出版社，1984.
[54] Baidu 文库. 红外光谱口诀[EB/OL]. https://wenku. baidu. com/view/bd382bcfalc7aaoob52-acb4d. html，2016 - 3 - 4.
[55] 张珍明，李树安，邱莉萍，等. 适合于应用化学专业二个综合性实验方案的设计——2 -巯基吡啶- N -氧化物的合成[J]. 广东化工，2008，38(8)：184，202.
[56] 张珍明，李树安，卞玉桂，等. 涂料用抗菌防霉剂吡啶硫酮铜的制备研究[J]. 涂料工业，2007，37(4)：11 - 12.
[57] 张珍明，占垚，陈达，等. 一种新型噻唑盐的微波辅助合成及对安息香缩合的催化作用[J]. 兰州理工大学学报，2020，46(2)：75 - 79.
[58] 张珍明，李树安，王丽萍，等. 3 -苄基- 5 -(2 -羟乙基)- 4 -甲基氯化噻唑鎓绿色合成工艺研究[J]. 精细石油化工，2010，27(1)：16 - 18.
[59] 张珍明，李树安，王丽萍，等. 固载型维生素 B1 模拟物的合成与催化安息香缩合反应研究[J]. 化工时刊，2009，23(11)：17 - 19，31.
[60] 李树安，张珍明. 红外光谱法测定烷基咪唑啉含量[J]. 日用化学工业，1991(4)：38 - 40.